藏在古诗词里的中华文明

传统美食

华 章 —— 编著

济南出版社

图书在版编目（CIP）数据

传统美食 / 华章编著． -- 济南：济南出版社，
2024.7． --（藏在古诗词里的中华文明）． -- ISBN
978-7-5488-6545-2

Ⅰ．TS971.22-49

中国国家版本馆CIP数据核字第2024Z2D784号

藏在古诗词里的中华文明：传统美食

CANG ZAI GUSHICI LI DE ZHONGHUA WENMING: CHUANTONG MEISHI

华章　编著

出 版 人	谢金岭
责任编辑	孙梦岩
封面设计	张　倩
绘　　画	刘文静

出版发行	济南出版社
地　　址	山东省济南市二环南路1号（250002）
总 编 室	0531-86131715
印　　刷	河北吉祥印务有限公司
版　　次	2024年7月第1版
印　　次	2024年7月第1次印刷
开　　本	170mm×230mm　16开
印　　张	13.25
字　　数	134千字
书　　号	ISBN 978-7-5488-6545-2
定　　价	45.00元

如有印装质量问题 请与出版社出版部联系调换
电话：0531-86131736

版权所有　盗版必究

古诗词里有乾坤

中国是诗的国度。《诗经》、楚辞、汉乐府、唐诗、宋词、元曲……古诗词是中华民族的文化瑰宝,传承至今仍熠熠生辉,具有旺盛的生命力和时代活力。古代的文人墨客用生花妙笔,记录自然风物、社会风貌、日常生活、内心情感,可以说涵盖中华文化的方方面面,为我们提供了一把解读和感受优秀传统文化的钥匙。

古诗词里藏着丰富多彩的服饰文化。古人的衣橱是什么样的?是不是也和我们一样,有着各式各样的衣物和配饰?古代的"潮人"穿着什么样的服饰?翻开这套书,你会发现,原来古人在服饰上有那么多讲究!那华美的襦裙、飘逸的宽袍大袖、精致的佩饰和头饰等,都承载着古人对美的追求和对生活的热爱。

古诗词里藏着多种多样的礼节风俗。我国自古以来就是"礼仪之邦",礼仪早已深深植根于每个人的心里。从出生到成年,古人要经历多少礼仪?四季轮回,人们要庆祝哪些节日、遵循哪些风俗?翻开这套书,你可以读到有关礼仪、节日、风俗的起源与传说,感受穿越时空的温馨与感动……

古诗词里藏着源远流长的饮食文化。民以食为天,作为拥有五千多年文明史的泱泱大国,我国有着悠久的饮食文化。一年四季,一日三餐,古人在"吃"上都有哪些讲究?"雕胡饭"是用什么做的?"蕹"是什么蔬菜?"饮子"又是什么饮料?翻开这套书,一起感受古代的人间烟火吧!

古诗词里藏着赏心悦目的传统曲艺。我国古代人民有着多姿多彩的娱乐活动，他们也会像今天的人们一样看戏、听曲，欣赏舞蹈。那么，笛子和箫是如何发展演变的？"高山流水"的故事发生在哪儿？"梨园"是如何与曲艺联系在一起的？诸多音乐、舞蹈、曲艺项目不仅丰富了古人的生活，还为我们留下了宝贵的非物质文化遗产。

古诗词里藏着令人叹为观止的工程建筑。在一首首流传至今的诗篇中，我们不仅能够了解古代社会的风貌，还能感受到古代劳动人民的伟大创造力。他们用非凡的智慧和精湛的技艺建造了一座座令人叹为观止的工程建筑，为世界留下了奇伟瑰丽的文化遗产。

古诗词里藏着雄伟壮观的地理风貌。昆仑山上有《西游记》里所说的神仙吗？趵突泉为什么被称为"天下第一泉"？雷电是怎么形成的？大自然鬼斧神工，在中华大地上造就了万千山河湖海、地形地貌和气候现象。

古诗词里藏着精湛高超的器具工艺。你知道曹植《七步诗》里所写的"豆在釜中泣"的"釜"是什么吗？"江船火独明"中的"船"在当时都有哪些种类？"纸尽意无穷"，纸是怎么做的，又是怎么传播到世界各地的？古时劳动人民在生活里创造了种类繁多的器具，发展出了高超的生产技艺。

《藏在古诗词里的中华文明》丛书共七册，从"霓裳风华""礼节风俗""传统美食""音舞曲艺""工程建筑""地理风貌""器具工艺"等不同的侧面，展现中华文化之美，发掘传统文化之价值，传递中华文明之魅力。希望这套书能为广大读者尤其是青少年读者，提供探索传统文化的一扇窗口，播下传统文化的种子，让中华文明薪火相传。

目 录

 **主 食**

01 炊稻烹秋葵·稻米 /002
02 新炊间黄粱·黄粱饭 /006
03 跪进雕胡饭·雕胡饭 /010
04 岂无青精饭·青精饭 /014
05 人间济楚蕈馒头·馒头 /017
06 胡麻饼样学京都·胡饼 /021
07 汤饼满盂肥荸香·汤饼 /025
08 馄饨那得五般来·馄饨 /028

 **菜 肴**

09 金盘堆起胡羊肉·羊肉 /032
10 黄州好猪肉，价贱如泥土·猪肉 /036
11 故人具鸡黍·鸡肉 /040
12 从来今日竖鸡子·鸡蛋 /044
13 洗手作羹汤·羹 /047
14 但爱鲈鱼美·鲈鱼 /051
15 正是河豚欲上时·河豚 /054
16 桃花流水鳜鱼肥·鳜鱼 /058

001

目　录

17　稻熟江村蟹正肥·螃蟹 /061
18　和羹芹菜嫩·芹菜 /064
19　一畦春韭绿·韭菜 /068
20　春来荠美忽忘归·荠菜 /071
21　好竹连山觉笋香·竹笋 /074
22　留薤为春菜·薤 /077
23　菘心青嫩芥苔肥·菘 /080
24　青丝族饤莼羹味·莼菜 /083
25　青青园中葵·葵菜 /086
26　芦芽抽尽柳花黄·芦芽 /090
27　溪童相对采椿芽·香椿芽 /093
28　霜皮露叶护长身·冬瓜 /096
29　一杯山药进琼糜·山药 /099
30　金刀剖破玉无瑕·豆腐 /102

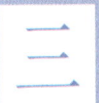 糕　点

31　五色新丝缠角粽·粽子 /106
32　蓼茸蒿笋试春盘·春盘 /110
33　春盘先劝胶牙饧·胶牙饧 /113
34　昨日酪将熟·乳酪 /116

目录

35 果若飘来天际香·桂花 /119
36 孤灯犹唤卖汤元·汤圆 /122
37 堆盘春饼衬年糕·年糕 /125
38 小饼如嚼月·月饼 /128
39 因感秋英、饷我菊花糕·重阳糕 /132

四 饮品

40 绿蚁新醅酒·酒 /136
41 葡萄美酒夜光杯·葡萄酒 /139
42 从来佳茗似佳人·茶 /143
43 武夷仙人从古栽·武夷茶 /147
44 茶饼嚼时香透齿·香茶 /151
45 凿来壶色彻·冰 /154
46 暖金盘里点酥山·酥山 /157
47 恩兼冰酪赐来初·冰酪 /160
48 开心暖胃门冬饮·饮子 /163
49 玄饮乌梅汤·乌梅汤 /166

目 录

五 果 品

50 日啖荔枝三百颗·荔枝 /170

51 入口甘香冰玉寒·葡萄 /173

52 香雾噀人惊半破·橘子 /176

53 梅子留酸软齿牙·梅子 /179

54 出林杏子落金盘·杏 /182

55 五月杨梅已满林·杨梅 /185

56 却是枇杷解满盘·枇杷 /188

57 牡丹破萼樱桃熟·樱桃 /191

58 桃之夭夭，灼灼其华·桃 /195

59 庭前八月梨枣熟·梨 /198

60 黄栗留鸣桑葚美·桑葚 /201

一 主食

　　主食不但是餐桌上不可或缺的一部分，还在古诗词中占有一席之地。在文人的笔下，我们认识了黄粱饭、雕胡饭、胡饼、汤饼等古代常见的主食，从中不难感受到文人对生活的热爱、对劳动者的敬意和对丰收的期盼。

01 炊稻烹秋葵·稻米

烹 葵　　［唐］白居易

昨卧不夕食，今起乃朝饥。

贫厨何所有，**炊稻烹秋葵**。

红粒香复软，绿英滑且肥。

饥来止于饱，饱后复何思。

忆昔荣遇日，迨(dài)今穷退时。

今亦不冻馁，昔亦无余资。

口既不减食，身又不减衣。

抚心私自问，何者是荣衰。

勿学常人意，其间分是非。

一 主食

有"诗魔"之称的白居易，在这首诗中写道，昨天躺在床上没有吃晚饭，今天清早起来就饿了，储备不丰的厨房里也没有什么高档食材，那就煮点米饭、烹点葵菜吧。红粒米又香又软，煮葵菜滑嫩肥美。饿了想吃饭，吃饱了饭又想什么呢？诗人想起自己曾经为官的光辉岁月，而现在隐退乡里，无限感慨。对于人生的荣衰，诗人做了一番通达的理解。

诗中的"稻"即稻米，在我国 7000 多年前就已经出现。粳米、糯米、黑米等都是由稻类植物的种子去壳得来的。

古书记载，稻谷最早的吃法是带壳直接放在石头上烤熟，之后基本是舂掉外壳后煮粥和饭。

传统美食

秦汉时期，人们喜欢把煮熟的米晒干做成"干饭"，吃的时候直接用水泡软。这有点类似于现在的冲食麦片。

稻米主产区在南方。隋唐大运河通航后，南北方物资得以流通和交换，北方的人们也能经常吃上稻米了。

米饭配菜是我们现在常见的吃法，唐代时人们也这么吃。文人雅士认为这种饮食搭配是诗意的、美好的，很多诗都体现了这样的意境。

陆龟蒙在诗中曾写下"香稻熟来秋菜嫩"，香香的米饭配上嫩嫩的秋菜，有滋又有味。许浑也在诗中写过"早炊香稻待鲈脍"，"脍"是切得很薄的肉片，米饭配上生鲈鱼片，不知道滋味如何。

白居易当时隐退乡间，饿了吃点米饭配素菜，朴素中依然有一种清雅的美。

稻米搭配各种食材做出的粥品在唐代也很受欢迎，并且开始作为养生滋补的食物食用了。

唐人喜欢在粥里加牛奶，做成营养丰富的"乳粥"。唐穆宗李恒特别欣赏白居易，曾赐给他用防风草和大米一起煮成的"防风粥"，据说喝了它，口中七日都留有香气。

把稻米和其他食材混合在一起蒸煮来吃也很流行，宋人把这种吃法发挥到了极致。当时，有一种饭叫"玉井饭"：把藕切成小块，将新鲜莲子去皮、去心，一同放入煮沸的米饭里焖熟。这样做出的饭带着藕的清甜和莲子的芳香，别有一番风味。

宋代非常流行"盘游饭"，或者因为口误，人们又称之为"团

一

主 食

油饭"。做法是把煎虾、烤鱼和烹好的鸡、鹅、猪、羊肉及灌肠等美味埋入米饭中。

盘游饭常常作为户外的盒饭,吃的时候就好像在米饭里挖宝贝一样,有滋有味又有趣。

历经几千年,稻米已经成为我国南北各地最常见的主食,以它为原材料的食物更是无以计数。

02 新炊间黄粱·黄粱饭

赠卫八处士　　［唐］杜甫

人生不相见，动如参与商。
今夕复何夕，共此灯烛光。
少壮能几时？鬓发各已苍！
访旧半为鬼，惊呼热中肠。
焉知二十载，重上君子堂。
昔别君未婚，儿女忽成行。
怡然敬父执，问我来何方。
问答乃未已，驱儿罗酒浆。

一 主 食

夜雨剪春韭，**新炊间黄粱**。

主称会面难，一举累十觞。

十觞亦不醉，感子故意长。

明日隔山岳，世事两茫茫。

藏在古诗词里的中华文明
传统美食

唐肃宗乾元二年（759）春，杜甫从洛阳返回华州住所，途中喜遇老友卫八，受其盛情款待，相对话旧，感慨万千。

在交通不便的古代，匆匆一别，可能再相见都认不出彼此了。杜甫雨夜拜访老友，朋友让孩子冒着雨剪下鲜美的春韭，煮上掺了黄粱的饭。

少年时的朋友，分别二十年后再见，自然是感慨万千。两人举杯畅饮，共话别情。

好友来访，为什么要在米饭中掺入黄粱呢？难道是家里的稻米不够吗？

黄粱是脱壳的黍的籽实，原产自我国北方，是我国黄河流域的一种主食，又叫"黍米""黄米"。

早在商朝末年，黍就是一种非常重要的农作物，位列"五谷"之一，许多大型的祭祀都会用黍来做贡品。

黄粱香糯，用来招待老友和贵客再合适不过了。《论语·微子》中写道，"子路从而后，遇丈人……（丈人）杀鸡为黍而食之"。那时是春秋时期。孟浩然也写过"故人具鸡黍，邀我至田家"的

008

主 食

诗句,这已经是唐代了。

朋友深谙待客之道,杜甫也领会朋友的心意,这才有了这首诗的意境。

春秋时期,出现了一种叫作"角黍"的食物,用菰(gū)叶包黍米蒸煮,由于形状似牛角而得名。据说,这是最早的粽子。

平常日子,黍米常常用来做粥,有钱人家还会在粥中加枣、栗子、饴糖、蜂蜜等来增加营养和风味。

汉代以后,小麦的培育、加工技术逐渐成熟,西域各种农作物也不断传入。黍因为不具有种植优势,人们的食用量开始减少,但它的地位却一直没有改变。

黍米煮饭,即诗中所说的"黄粱饭",香甜滑软,在唐代非常受推崇。在以唐代为背景的《西游记》中,唐僧师徒走到朱紫国,治好了国王的恶疾。为答谢唐僧师徒,国王命人做了好多美味素斋,其中就专门提到"滑软黄粱饭"。

黍米磨成粉还可以做香甜软糯的糕点,北方人尤其喜欢用黍面加上红枣、豆子等做的年糕。

到明末,黍逐渐失去主食的地位,而成了一种人们偶尔食用的杂粮。现在,在特定节日里,有些地方的人们依然保留着用黍米做各种食物的习惯,这是食黍习俗的遗存,也是人们对传统的尊重。

03 跪进雕胡饭·雕胡饭

宿五松山下荀媪(ǎo)家　［唐］李白

我宿五松下，寂寥无所欢。

田家秋作苦，邻女夜舂(chōng)寒。

跪进雕胡饭，月光明素盘。

令人惭漂母，三谢不能餐。

一
主 食

晚唐时期，经过安史之乱，民生一片凋敝。李白虽然保住了性命，但落得居无定所、浪迹江湖。这一日，他寄宿在五松山下一户农家，内心寂寞、苦闷，心事重重。正值秋收，农家格外辛苦，邻家女顾不得秋夜寒凉连夜舂米。

房东老太太恭敬地为李白送上一盘雕胡饭。李白无限感激，不禁想起了接济韩信的老妇人：韩信穷困潦倒时，一位老妇人给了他一碗饭。韩信发达后，心念旧恩，送上千金报答。想到这里，李白推辞再三不敢受用。

雕胡饭是雕胡米做的饭，这种米是挺水植物菰草的种子，因此又被称为"菰米"。在唐朝，雕胡饭被视为顶级米饭。自家温饱尚且不能满足的村妇，却为他这个落魄之人送上了一盘珍贵的雕胡饭。

李白怎么能安心受用呢？

菰米在周代作为主食，位列"六谷"之一。它呈黑褐色，颗粒细长，做出的饭清香扑鼻，爽滑可口。

从秦汉一直到唐代，菰米都是一种重要的主食，由于美味而被称为"至味"。

据说西汉时长安的太液池周围盛产菰米，当地人都采来做饭。然而，由于产量很低，菰米一直是达官显贵才能享受的食物。

直到唐代，人们开始大量种植菰，使得菰米的产量逐年增加。至此，普通百姓才吃上这一人间美味。

雕胡饭爽滑的口感，使得爱好美食的文人墨客赞不绝口。杜甫曾在诗中写下"滑忆雕胡饭"。当时的杜甫老病交加，心心念念的就是那一碗雕胡饭。可见这雕胡饭在当时是多么受推崇。

这么美味的米，为什么现在我们几乎见不到呢？原来，菰米由于成熟期不一致，成熟后又容易脱落，收割困难，所以产量低。而古人种庄稼主要是为了吃饱饭，和其他粮食作物相比，菰越来越没有优势，所以种植菰的百姓就越来越少了。

唐末，菰就只作为药材，而不再当作粮食作物种植了。

菰米被淘汰令人遗憾，不过人们还能吃到

主 食

野生的菰米。后来,野生的菰感染了黑粉菌,导致其茎部不断膨胀,形成肉质茎,无法再抽穗结籽。但人们发现它膨大的肉质茎用来炒菜味道鲜美,并且给它取了名字——"茭白"。

随着茭白越来越受青睐,人们干脆把还能开花结籽的正常菰也都拔除,只留下那些感染黑粉菌的菰,以得到更多的茭白。到宋代,这种人工选种已经基本完成,此时残存的野生菰就完全沦为救荒的粮食。

菰米渐渐变成了传说,茭白却在人们的餐桌上占尽风流,如今我们虽然无法品尝雕胡饭的美味,但可以痛快地享用鲜美的茭白。

04 岂无青精饭·青精饭

赠李白（节选）　　［唐］杜甫

二年客东都，所历厌机巧。
野人对腥膻(shān)，蔬食常不饱。
岂无青精饭，使我颜色好。
苦乏大药资，山林迹如扫。

一
主 食

　　唐天宝三年（744），担任翰林供奉一职的李白被高力士谗害，被迫卸职东游，在东都洛阳和杜甫相遇。杜甫对李白的遭遇感到十分痛心，于是挥笔写下这首诗，用自己在官场上的所见所闻和不甘同流合污的心志，来安慰李白。在杜甫看来，比起自己的无奈，李白的流放反而是一种幸运。

　　诗中提到的"青精饭"又叫"乌米饭"，用南烛树叶的汁和米煮成，因其颜色乌青而得名。

　　青精饭的做法是把南烛树的茎皮和叶子一起用水煮，将稻米用煮好的汁水浸泡后上锅蒸熟，要经过三蒸三晒。也有一说是，将南烛树枝叶捣碎，压榨取汁浸泡大米，经九蒸九晒，作为干粮收贮备用，吃的时候在锅中蒸一下，饭粒会重新变软，滋味甘香。

　　据传，青精饭最初是道家太极真人创制，久食可身轻体健，延年益寿。道家在斋日一定要吃青精饭，诗人陆龟蒙在《四月十五日道室书事寄袭美》一诗中说："乌

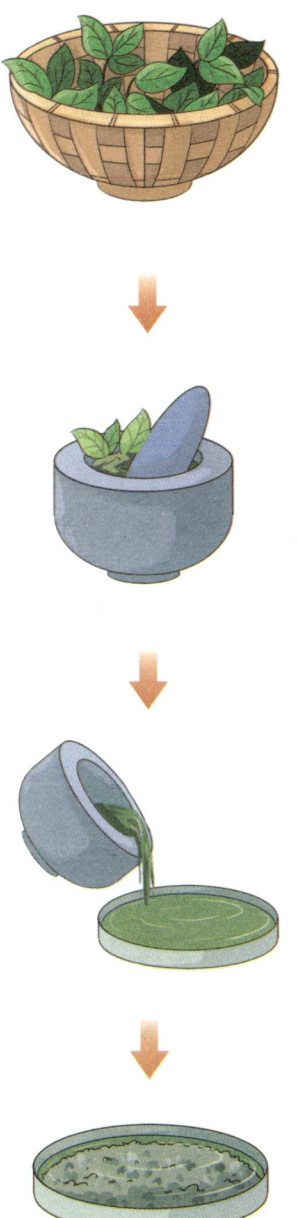

015

饭新炊芼藿（mào huò）香，道家斋日以为常。"

后来，青精饭由道家流入民间，在唐代成为备受欢迎的美食。南烛树叶有一种独特的清香，细细咀嚼，滋味尤妙。人们认为单独食用青精饭时最能体会这种滋味，和大鱼大肉一同进食，就会掩盖饭的香气，枉费它的美味。

到了宋代，佛家也开始将青精饭作为斋食。农历四月初八浴佛节，佛教徒们会做很多青精饭来供佛，因此，青精饭也叫"阿弥饭"。宋代很多书中记录了这一盛况。

在南宋著名的美食著作《山家清供》中，青精饭被列为开篇第一道美食。作者林洪说："青精饭，首以此，重谷也。"意思是把青精饭放在文章首位，表示对谷物粮食的尊重。

到了元代，青精饭变得越来越大众化，诗词中出现了寒食节吃青精饭的习俗。明清时期，青精饭成为南方地区社日的节令食品。

明代，广东一带的居民在社日流行食用五色饭，这是从青精饭派生出的新做法。清代，这种传统依然在很多地方保留着。李调元《南越笔记》载："今苏罗人每以社日为青精饭相饷。"

初夏时节，南烛木的叶子微红转绿时，最为细嫩，此时将其采摘下来做青精饭最为美味。于是，青精饭在很多地方都成了立夏时节的必需品，这种习俗直到现在依然存在。

05 人间济楚蕈馒头·馒头

约吴远游与姜君弼吃蕈(xùn)馒头 ［宋］苏轼

天下风流笋饼餤(dàn)，人间济楚蕈馒头。

事须莫与谬汉吃，送与麻田吴远游。

传统美食

苏轼一生仕途坎坷。这一年苏轼被贬海南，90多岁的老友吴远游不顾旅途颠簸之苦，来到儋（dān）州（今海南儋州），又陪同苏轼从儋州来到琼州（今海南海口）。为表感激，苏轼请吴远游和一位琼州的姜姓朋友吃美味的笋饼和蕈馒头，并写下了这首诗。

诗中，苏轼称赞普天之下最好吃的馅饼是竹笋馅饼，人间最好吃的馒头是蕈馒头。但是这些东西都绝对不可以跟错的人同吃，要送给麻田吴远游老先生，才不会辜负它们的美味。这首诗既赞美了两种美食，也表达了对知己好友的感激和赞赏。

蕈馒头是指用蕈菌（一种菌类）做成馅料的面食，类似于现在的包子。由于魏晋时期小麦碾磨技术迅速发展，小麦粉得以大量生产，人们开始研发面粉的各种吃法。

最初，人们把用发酵面团蒸制而成的食品称为"蒸饼"。到了魏晋南北朝时期，蒸饼有较大发展，演变出了带馅儿的"馒头"。唐代，馒头的馅料更加丰富，有时甚至还会用非常名贵的食材做馅料。唐德宗最喜欢的馒头馅料竟然是用熊白（熊背上的脂肪）和鹿肉做的。

到了宋代，各种蒸饼已经普及为大众食品。据说宋仁宗时期，他名字"赵祯"中的"祯"与"蒸"读音相近，为了避其名讳，"蒸饼"改称"炊饼"。《水浒传》中武大郎卖的就是不带馅儿的炊饼；而"母夜叉"孙二娘在孟州十字坡卖的，就是人肉馅儿的馒头。

宋代馒头馅料的种类更丰富，鸡、鸭、鱼、猪等肉类及笋等蔬

主 食

菜都可做馅儿，甚至还出现了豆沙、果料制作的甜馅儿和酸馅儿的馒头。北宋蔡京当宰相时，曾用蟹黄馒头来招待客人。

馒头不仅有圆形的，也有其他形状的。人们用剪刀将馒头剪出各种花样，再用胭脂为其染上颜色，就出现了漂亮的四色馒头。

"包子"这个名称在宋代也渐渐兴起，作为馒头的别名，都指带馅儿的面食。

元朝时，馒头的种类更是五花八门，人们在不同季节、不同的节日庆典会做不同花样的馒头，如寿筵上有龟莲馒头、喜筵上有葵花馒头等。此时的馒头除了食用，更多的是寄托人们的美好祝愿，现在很多地方依然有节日或者寿辰时蒸馒头的习俗。

到了清朝，"蒸饼"和"炊饼"的叫法已很少使用，"馒头"和"包子"这两种叫法成为主流。但是馒头和包子具体指什么还没明确区分，带馅儿的和不带馅儿的都可以叫作馒头。清代成书的《康熙字典》对于"馒头"的解释是："或有馅或无馅，蒸食者谓之馒头。"那时还有"肉丁馒头""猪肉馒首"的叫法。

现在，我国大部分地方称不包馅料的是馒头，包馅料的是包子，但南方有的地方依然把带馅儿的叫作馒头。

06 胡麻饼样学京都·胡饼

寄胡饼与杨万州　　［唐］白居易

胡麻饼样学京都，面脆油香新出炉。
寄予饥馋杨大使，尝看得似辅兴无？

这首诗是白居易在忠州（今重庆忠县）担任刺史时写的，"京都"指的是当时的国都长安，也就是现在的西安。诗中的"杨大使"既是白居易的亲戚也是好友，常常跟白居易诗文唱和。

一次偶然的机会，白居易发现忠州的胡麻饼样式和做法都很像长安一种知名的胡饼。这种饼刚出炉时面饼酥脆，油香诱人。白居易便想把这么好吃的胡饼寄给身在万州的杨大使，让他也尝尝，看看和著名的辅兴坊胡饼是不是味道一样。

白居易和杨万州当时相距100多公里，驾马车需要走上好几天。走这么远的路，只为了送一点饼，可见白居易是个性情中人，两人的关系也确实非同一般。

(一) 主 食

诗中的胡麻饼在唐代通常作"胡饼",是一种烤制的圆形饼。西汉通西域,西域的食物也随之传入中土,因此这些食物的名称几乎都带着"胡"字,被统称为"胡食"。

西汉时期,北方已经开始以面食为主,胡饼鲜香酥脆,一经传入就深受人们喜爱。据说汉灵帝特别喜欢吃胡饼,引得胡饼在京都达官显贵中很是流行。

到了魏晋南北朝时,北方民族大规模内迁,长期的民族冲突与融合,使得中原地区的饮食结构和习惯都发生了巨大变化,一度出现举国食胡饼的情景。

大书法家王羲之超级爱吃胡饼,恰逢东晋重臣郗(chī)鉴到王家选婿,当时正躺在床上露着肚子大啃胡饼的王羲之被撞了个正着。在那个崇尚个性的年代,王羲之的这一举动深深吸引了对方,因此成功获选。这就是"坦腹东床""东床快婿"的故事。

到了唐代,长安成为名副其实的国际大都市,世界各地的商人会聚于此。从西域来的胡商为数众多,他们中有很多人选择在长安定居。这些胡商的饮食习惯影响了整个京都,使吃胡食逐渐成为一种风尚。

当时,上至王公显贵、文人墨客,下至庶民百姓,都以食胡饼为潮流。一时间胡饼制作业迎来了空前繁荣,长安街上胡饼铺子随处可见。

宋人对胡饼的热情依然不减。都城东京(今河南开封)的胡饼店不仅数量多,规模也大。喜欢猎奇、尝鲜的宋人研制出许多口味的胡饼。

北宋灭亡后,一些南迁的东京人又把这些奇特的胡饼做法带到了南宋都城临安(今浙江杭州)。

元、明之后,凡是用饼炉烘烤而熟的都可以被称为"胡饼"。一直到清代,胡饼都是老百姓经常食用的食物。现在虽然"胡饼"这个名字不再用了,但是我们常见的馕、烧饼、馅饼、月饼等饼类食物都有它的影子。

07 汤饼满盂肥羜香·汤饼

早饭后戏作　　［宋］陆游

汤饼满盂肥羜(zhù)香，更留余地着黄粱。

解衣摩腹西窗下，莫怪人嘲作饭囊。

藏在古诗词里的中华文明
传统美食

陆游是个性情豪放的文人，他吃下一顿丰盛的早饭后，不禁解开衣服，摸着鼓鼓的肚皮，心想，即使被别人嘲笑是饭囊又何妨？又是汤饼又是肥𦙶（五个月的羔羊），还有黄粱饭，这顿早餐确实挺丰盛。只是这汤饼是什么食物呢？

"汤"在古代最初是指热水，"饼"则是用面粉做的食物的统称。"汤饼"其实是汤面条、汤面片、面疙瘩、馄饨等的统称，凡入水煮的面食都叫"汤饼"。

秦汉年间，只有贵族阶层才有机会享用汤饼，汤饼的种类也相对较少。宫廷有专门的汤官，负责给皇帝制作汤饼。

南北朝时期，汤饼的种类开始细化而丰富，形状有线状、片状、丸粒状等。煮制的汤底也从开始的热水，变为带作料、调味的汤汁，而且荤、素汤汁都有。

026

(一) 主 食

唐代时，汤饼有了一个新的名称——"不托"，又叫"馎（bó）饦"。这个时期，汤饼已经不再是上层人的专享了。帝王将相以及平民百姓，日常都爱吃汤饼。汤饼的制作方法比以前更复杂，加入的调味品更丰富，吃起来也更美味了。

唐宋时期有一种叫"冷淘"的汤饼，在夏天很流行。做法是把煮好的面放入冰水中过凉捞出，再加入各种配料，吃起来清凉爽口。每逢夏天，皇帝款待官员们的"工作餐"中就会出现冷淘。

杜甫诗中写过一道"槐叶冷淘"的做法：用开水焯过槐树嫩叶，再捣碎滤出青汁，和面做成面条，煮熟后放入冷水中冷却捞出，搭配香嫩芦笋，碧绿爽口，味道妙极了。

"梅花汤饼"也是唐宋时期很流行的一款汤饼，它的颜值很高，味道也很棒。做法是用梅花和檀香末水和面，放入梅花状模子制成型，煮熟后再放入清鸡汤中。

宋代以后，"汤饼"成为所有无馅水煮面食的统称，并且出现了"水引""煮面""面"等名称。南宋时，北人南下，南北饮食逐渐融合。当时，都城临安有很多的面馆，吃面食的人除了北方人也有南方人，汤饼受到了广泛欢迎。

我们现在能吃到的面食，在那个时候几乎都已经出现，比如鸡丝面、三鲜面、盐煎面、炒鸡面、炒鳝面、笋辣面等。自此，汤饼和由汤饼发展出来的各种面食，成为人们日常生活中必不可少的美食。

08 馄饨那得五般来·馄饨

对食戏作六首（其三）　　［宋］陆游

春前腊后物华催，时伴儿曹把酒杯。
蒸饼犹能十字裂，**馄饨**（hún tun）**那得五般来**。

(一) 主 食

陆游是个很有生活情趣的人，光是《对食戏作》就写了六首。这首诗写的是，春天即将到来，诗人时不时地跟晚辈们一起喝个小酒。诗中提到，虽有十字裂的蒸饼，但难得"五般馄饨"。五般馄饨是当时的一种高档美食，看来陆游这是嘴馋了呀！

馄饨的历史可追溯到两千多年前的汉代。前面我们说过汤饼的由来，馄饨其实就是一种带馅的汤饼，也是饺子的前身。

馄饨最初写作"混沌"，可能是因为面皮包裹着馅料，看上去无眼无口、形状团圆，让古人联想到传说中开天辟地前一片混沌的状态吧？后来根据汉字造字法，用与食物有关的偏旁替换了三点水，就成了今天家喻户晓的馄饨。

唐代长安的馄饨不但品种丰富，而且制作非常精致。陆游诗中所写的"五般馄饨"，在当时很流行。"五般"即"五色"，五般馄饨可谓色、形、味俱佳。

那时最有名的是"二十四气馄饨"。二十四气馄饨由二十四种花样、馅料各不相同的馄饨组成，每一种的名称和二十四节气对应，食材也选用二十四节气的时令食材。用料、制作之复杂，可不是一般的奢华，所以一般只有王公贵族才会享用。

那时，长安城的颁政坊有一条曲（古代的街区）叫"馄饨曲"，这里聚集了长安著名的馄饨店，是著名的"馄饨一条街"。

当时馄饨的制作以汤清、味鲜为追求。据记载，颁政坊萧家的馄饨味道鲜美，汤汁肥而不腻。有人曾夸张地说，将萧家馄饨清汤上面的肥油去掉，都可以用来煮茶。

藏在古诗词里的中华文明
传统美食

宋代，馄饨成了冬至的节令食物。每逢冬至，市镇的店肆都会暂停营业，在家包馄饨祭祀祖先。祭祀完毕后，一家老小分食馄饨。

那时候还没有"饺子"这种叫法。宋代称这一类水煮面食为"角（jué）子"，包括现在的饺子、汤圆、馄饨、点心等，只要包馅，都称"角子"。

大约在明代，"角"又分出"饺"音，"角子"遂成"饺子"。

清代，馄饨作为小吃，常常由小贩走街串巷叫卖。馄饨和饺子，不管是形状、面皮厚薄程度、包法、烹煮的汤水，还是两者所用的面剂，都有了明显区别。

由此可见，馄饨的历史也就是饺子的历史。

馄饨发展至今，仍然是深受人们喜爱的小吃。由于历史的发展和不同地域的习惯，馄饨逐渐有了"抄手""云吞""包面""清汤""扁肉""扁食""肉燕"等不同的名字。

二 菜肴

在古诗词的世界里，一道道菜肴活色生香，展现了中华饮食文化的博大精深。文人用细腻的笔触，描写了菜肴的色、香、味、形，让人垂涎欲滴。在这些有关菜肴的古诗词中，文人还融入丰富的情感，无论是对故乡的眷恋、对亲人的思念，还是对友情的珍视，都让人深深感动。

09 金盘堆起胡羊肉·羊肉

湖州歌九十八首（其七十四） ［宋］汪元量

第五华筵正大宫，辘(lù)轳(lu)引酒吸长虹。

金盘堆起胡羊肉，御指三千响碧空。

（二）菜 肴

宋末元初诗人汪元量的这首诗，写的是元代皇家宴席场景。金盘中的羊肉高高堆起，君臣共饮，气势恢宏。羊肉自古以来就是我国备受推崇的一种肉食。宋朝的羊肉价格高得出奇，原因不外乎物以稀为贵。因此，在宋朝宫廷，吃羊肉是非常有仪式感的。相比之下，元人的餐桌上却高高堆起羊肉，诗人因此而发出感慨。

羊肉在我国历史上一直是一种珍贵食材。先秦时期，羊肉作为珍馐美馔，多是被达官贵人享用。西周宫廷奢宴的"周八珍"中，有好几道都用到了羊肉。那时候，吃羊肉是一种特权和尊贵身份的体现，且有严格的制度来约束。

春秋时期，郑国攻打宋国，宋国大将华元在开战之前杀羊做羹慰劳将士，结果忘了分给自己的驭手（驾车人）。开战后，心怀不平的驭手竟然驾着华元所乘的战车一直跑到郑国的军阵，把自己的统帅送进了敌营。

魏晋南北朝时期，北方的匈奴、鲜卑等民族迁居到中原，中原饮食渐渐融合了他们的饮食，这让羊肉的吃法变得更多、更精细了。当时有一种叫"灌肠炙"的做法，即在切碎的羊肉中加入葱白、生姜、花椒、盐、豉汁等调味，再将之灌入洗净的羊肠中放在火上烤熟，吃的时候用刀一块块割食。

唐代依然以吃羊肉为尊，"肥羊美酝（yùn）"是唐代人的理想生活，人们把羊肉当作宴请待客用的主菜，将羊肉吃出了花样。

女皇武则天爱吃"冷修羊"，类似于我们现在的冷切羊肉。同昌公主出嫁时，唐懿宗赏赐给她一道叫作"灵消炙"的羊肉菜肴，

据说放一夏天都不会坏。

唐朝时，鱼肉和羊肉混合制作的酱叫"逡巡酱"，切得极细的羊肚丝叫"羊皮花丝"，羊肉、羊肠拌豆粉煎制而成的食物叫"格食"。

富贵人家招待客人，喜欢吃"过厅羊"：把活羊直接牵到大厅，由客人们选出自己想吃的部位并做标记，现场宰杀后给这些部位系上不同颜色的彩线；羊肉做熟后，客人找到自己选中的那块羊肉食用。

文人雅士喜欢将羊肉调味夹在胡饼中吃，普通百姓则将羊肉作为辅料做汤饼或羹。

宋人对羊肉的喜爱比唐人有过之而无不及，羊肉可以说是宋人的最爱。上至宫廷，下至百姓，无不把吃羊肉当作一件美事。

菜 肴

两宋皇室不追求珍奇野味,"御厨止用羊肉",原则上"不登彘(zhì)肉"。彘肉,即猪肉。据记载,宋朝宫廷御厨每年消耗羊肉"四十三万四千四百六十三斤四两,常支羊羔儿一十九口",而猪肉只有"四千一百三十一斤"。

到了元代,羊肉继续称霸。元代宫廷最豪华的"诈马宴",就是烤全牛、烤全羊等。到了明代,羊肉虽然不再是宫廷美食霸主,但依旧在宫廷御膳中担当着重要角色。

一直到现在,羊肉的价格依然较高,可见人们对羊肉的喜爱一直没有改变。

10 黄州好猪肉，价贱如泥土·猪肉

猪肉颂　　［宋］苏轼

净洗铛(chēng)，少著水，柴头罨(yǎn)烟焰不起。待他自熟莫催他，火候足时他自美。**黄州好猪肉，价贱如泥土。**贵者不肯吃，贫者不解煮，早晨起来打两碗，饱得自家君莫管。

(二) 菜肴

这首词是苏轼在烹煮猪肉时随手写的。在词中，他像唠家常一样把做猪肉的过程和技巧呈现出来。苏轼对黄州（今湖北黄冈）可谓爱恨交加，恨的是这里是他仕途不顺、受尽冷落之地；爱的是这里物产丰富，猪肉价廉物美。不得不说，苏轼真是一个非常乐观豁达的人。

其实在宋代及以前，猪肉的价格都非常便宜。猪肉一开始在肉类中地位很高。食用猪肉最早的记载出现在周代，《礼记》记载："诸侯无故不杀牛，大夫无故不杀羊，士无故不杀犬豕（shǐ），庶人无故不食珍。""豕"指的就是猪。可以看出，作为祭祀的太牢，猪肉排在牛肉、羊肉、狗肉之后。

春秋时期，牛耕技术出现，牛作为最重要的劳动工具，在农业生产中起着巨大的作用，此后历朝历代都禁止宰杀用于耕地的牛。在这种情况下，羊肉和猪肉，以及鸡、鸭、鱼肉就成了餐桌上的主要肉食。

在汉朝时期，养猪和养羊都是很普遍的事情，猪肉和羊肉都是餐桌上常见的肉类。

可是到了魏晋时期，猪肉的地位却骤然下降，人们不再愿意吃猪肉。究其原因，大概与当时古人饲养猪的方式有关，人们认为猪肉不干净。

之后，羊肉便在长达千年的历史中占据了达官显贵的餐桌，猪肉则成了难登大雅之堂的下等肉类。

这种情况一直持续到唐宋时期。唐人爱吃羊肉，宋朝更是以吃羊肉为潮流。而猪肉呢？那些官僚士绅阶层根本看不上。

贵族挑剔，普通百姓也跟着嫌弃，可是百姓能吃上猪肉已经算不错了。所以猪肉虽然地位低，但从未从餐桌上消失。只是老百姓不讲究，做出来的猪肉自然不好吃。

苏轼这位美食家在这个阶段对推广猪肉食用起了重要作用。他把猪肉佐以姜、葱、红糖、料酒、酱油等调味料，小火慢炖，做出的猪肉咸香软嫩，十分美味。

苏轼把做好的肉送给百姓吃，大家这才发现猪肉竟然可以做得这么好吃，这道菜也因为苏东坡而得名"东坡肉"。自此，猪肉开始受到老百姓的欢迎。

明朝时，王公贵族普遍喜欢吃猪肉，皇宫的御膳房出现了烧猪肉、猪灌肠、猪肉包子等食物。在宫廷饮食的带动下，猪肉的食用开始扩展到各个阶层，猪肉又重新占据人们的餐桌。

菜 肴

到了清朝，贵族更是对猪肉青睐有加，清宫中还一度流行吃猪肉火锅。此时，从皇室到百姓，都喜欢上了吃猪肉。

历经千年之久，猪肉终于成功逆袭为中国人餐桌上的肉类之王。直到现在，猪肉都是中国人消耗量最大的肉类，以猪肉为原材料做的食物比比皆是。

11 故人具鸡黍·鸡肉

过故人庄　　［唐］孟浩然

故人具鸡黍，邀我至田家。

绿树村边合，青山郭外斜。

开轩面场圃，把酒话桑麻。

待到重阳日，还来就菊花。

（二）菜肴

孟浩然这首诗写的是应邀到一位农村老朋友家做客的场景。诗中提到老朋友准备了鸡肉和黍米饭，实际上应该不止这两样，作者只是用鸡和黍指代食物的丰富。

黍，我们已经在前文介绍过，是款待客人的饭食。我们再来说说，在古代，鸡肉是怎么成为餐桌上的美食的。

先秦时期，普通百姓的饮食非常简单，日常以蔬菜为主，谷物粮食占少数，而肉只有在祭祀或者节令时才有可能吃。周代有明确的规定，即使是贵族阶层，也只有在特殊情况下才能吃肉，且食用牛、羊、猪等有严格的等级制度，人们只能食用合乎自己身份的肉食。

食用鸡肉虽然没有那么严格的规定，但是由于鸡的饲养数量少，且公鸡常常用来报晓，而母鸡往往用来产蛋，所以食用鸡肉也并不普遍。

藏在古诗词里的中华文明
传统美食

最初,人们在一些大型祭祀中会用到"鸡彝(yí)"(一种酒樽),后来就演变为用真鸡祭祀。祭祀后的鸡肉可以食用,人们借祭祀之机才得以吃到鲜美的鸡肉。

相传春秋末年,越王勾践在流放期间,为了让老百姓吃上鸡肉,在故国鸡泽山养了很多鸡。这种圈养的饲养方式后来得以大范围推广,使得鸡的数量大大增加。虽然鸡肉比其他肉类还要贵很多,但人们在宴请重要来客时也开始用鸡肉了。

战国时期,吃鸡已经普及民间。《论语》记载,子路跟随孔子出游,来到一户农家,主人杀鸡、煮黄米饭来招待他们,这应该是很高的待客礼了。

西汉时期,汉武帝置河西四郡,制定了每户养殖两头猪、五只鸡的法令。这些措施使得猪肉和鸡肉渐渐成了百姓餐桌上主要的肉类。

那时候,吃鸡的方式应该是以煮、烤为主,腊鸡、风干鸡的吃法也都出现了。汉代开始使用植物榨油,用来榨油的种子有麻籽、油菜籽、胡麻籽等,所以在那时,炸鸡也极有可能已经出现在餐桌上。

菜 肴

唐宋时期，物质生活水平极大提高，普通农家大多生活丰足，用鸡肉待客成为普遍现象。吃鸡的花样也越来越多，烹饪过程越来越讲究。

宋代诗人马存在诗中曾写过："亭上十分绿醑（xǔ）酒，盘中一箸（zhù）黄金鸡。""黄金鸡"用当时流行的麻油、盐腌制，再放葱、花椒水等调味煮熟。鸡肉肥美，鸡汤鲜靓，颇受当时人们的青睐。

随着物质资源越来越丰富，人们的饮食渐渐呈现出多样化，鸡肉的做法也有了更多花样。时至今日，鸡肉依然是人们日常生活中不可缺少的美食。

12 从来今日竖鸡子·鸡蛋

春 分
［唐］刘长卿

日月阳阴两均天，玄鸟不辞桃花寒。
从来今日竖鸡子，川上良人放纸鸢。

(二) 菜　肴

"从来今日竖鸡子，川上良人放纸鸢。"这句诗写出了春分的两大习俗：立蛋和放风筝。早在4000年前，春分立蛋的习俗就出现了，人们在春分这天用这个活动来庆祝春天的来临。

在漫长的古代历史中，鸡蛋一直产量低，价格偏贵。据考古发现，某些朝代的富人们会把鸡蛋作为奢侈物品一起下葬，足以看出其价值和地位。

相比之下，普通老百姓家里即使养鸡，下的蛋也要卖钱或者用来孵小鸡，一般舍不得自己吃。在特殊时期，鸡蛋甚至可以直接代替钱，换取各种物资。这种情况直到清代都很普遍。

汉朝时期已有养鸡专业户，靠卖鸡与子（蛋）发家致富的例子也有。在南北朝时期，鸡和鸡蛋可以代替赋税。

虽然在过去，普通人家可能吃鸡蛋并不多，但关于鸡蛋的做法，古书上有很多记录，像炒鸡蛋、荷包蛋、煮鸡蛋、茶叶蛋等做法都是古已有之的。

西汉《礼记·王制》中记载了用鸡蛋和韭菜来祭祀祖先的习俗，这大概是最早的韭菜炒鸡蛋了。

北魏的《齐民要术》记载了当时炒鸡蛋的方法："打破，着铜铛（chēng）中，搅令黄白相杂，细擘（bāi）葱白，下盐米、浑豉，麻油炒之，甚香美。"这种方法和我们现在炒鸡蛋的方法基本一致，只是顺序稍有不同。鸡蛋中加葱花、豉油和芝麻油，味道应该不会差。

《齐民要术》中还记载了煮鸡蛋的方法："打破，泻沸汤中，浮出，即掠取，生熟正得，即加盐醋也。"把鸡蛋打破后直接放入沸水中煮熟，待鸡蛋浮起后捞出，此时鸡蛋熟得正好，再加盐和醋食用即可。这个煮法和我们现在的荷包蛋一样，但吃法迥异。

《世说新语》中有一段关于晋人王蓝田吃鸡蛋的描写。王蓝田性子很急，有一次吃鸡蛋，他先是用筷子扎，怎么也扎不到，于是生起气来，直接把鸡蛋扔到地上。鸡蛋在地上旋转不停，他从席上下来，用木屐踩。最后，他竟然从地上捡起鸡蛋直接放入口中，把蛋咬破之后又吐掉了。这段描写晋人吃鸡蛋的画面非常滑稽，而且吃法似乎和现代人吃鸡蛋的方式也有所不同，不过能证明的是，那时候人们已经开始带壳烹煮鸡蛋了。

不管是在南方还是在北方，茶叶蛋都是人们喜欢吃的早餐之一。清代美食家袁枚在《随园食单》中详细记录了茶叶蛋的制作过程，这也是关于茶叶蛋做法最早的记录。

鸡蛋，作为人体所需蛋白质的重要来源之一，是如今寻常百姓餐桌上常见的食物。美食家也开发出了很多鸡蛋的新吃法。更让人深有感触的是，我们在今天依然保留着春分立蛋、立夏吃蛋的传统习俗，有些地方清明节也有吃鸡蛋的习俗。

13 洗手作羹汤·羹

新嫁娘　　［唐］王建

三日入厨下，洗手作羹(gēng)汤。
未谙(ān)姑食性，先遣小姑尝。

王建的这首诗写的是，新婚三日后，新媳妇下厨做饭敬长辈的情景。在古代，新媳妇亲手做羹汤给长辈是一种礼仪，也是表现自己贤惠的机会。

新媳妇将双手洗净，用心做了一道羹汤。只是她心里忐忑不安，不知道是否合婆婆的口味，就先让小姑子来品尝一下。寥寥数语，一位乖巧又聪明伶俐的新妇形象跃然纸上。

诗中的羹汤最早叫"羹"，在古代人们日常饮食中一直占据着重要的地位，相当于咱们现在的汤菜，主要用来佐餐，搭配主食食用。

在周朝，一饭一羹是用餐标配。没有任何味道的肉汤叫"太羹"或"大羹"，添加了调味的叫"和羹"。

为了增加汤汁的黏稠度，古人会在做羹的时候加入米屑进行调和，这种做法叫作"和糁（shēn）"，跟我们现在的勾芡是一个道理。

那时候只有贵族阶层才可以食肉羹，依据用料不同，有牛羹、羊羹、猪羹、兔羹、野鸡羹、鳖羹、鱼羹等，其中羊羹被视为肉羹中的至味。

《战国策》中记载，中山国的大夫司马子期，由于没吃到中山国君赐的羊羹，一气之下投奔了楚国，并说服楚王讨伐中山君，最后导致中山国灭亡。

穷苦的百姓一般用藜菜、蓼菜、葵菜、芹菜、苦菜做成菜羹，甚至是没有和糁的清寡菜羹。汉乐府《十五从军征》中有"舂谷持作饭，采葵持作羹"的诗句。

（二）菜肴

汉代，张骞出使西域，从西域带来胡羹的做法，即以羊排骨、羊肉为主料，加入葱头、香菜、石榴汁熬煮，煮出的羹风味独特。

西晋时期，莼（chún）菜羹成为经典菜肴，尤其受文人雅士推崇。当时，张翰在洛阳做官，秋风起，天地萧瑟，眼前的情景让他思乡心切，想到吴中的莼菜羹和鲈鱼脍（kuài），他毅然辞官回乡。

因为这个典故，在后世的文学作品中，"莼羹"和"鲈脍"不仅成为美味的代名词，也常常用来表达思乡之情。

到了隋唐时期，肉羹变得更加多种多样，出现了羊肺羹、猪肝羹等用动物内脏做的羹。此时出现"汤""羹"两字并用的现象。许多名贵的食材也被拿来做羹，"冷蟾儿羹"用蛤蜊熬制，"白龙臛（huò）"则需要用鳜鱼制作。鹌鹑肉做的羹是隋唐时期富贵人家推崇的美食，就连当时生活奢靡的隋炀帝品尝后都赞其异常鲜美。

唐代渔业发达，鱼羹做法简单，且能够保持鱼肉鲜美的味道，所以，做鱼羹成为人们吃鱼的首选之法。

不过，菜羹在唐朝饮食中依然占有一席之地。杜甫诗中的"碧涧羹"，是用碧水涧旁的水芹熬成的香羹，受到世代文人雅客的推崇，无数次被写入诗中。

宋人对羹的讲究更是令人咂舌，《梦粱录》中记载了三十多种羹，有四软羹、杂彩羹、石髓羹、软羊焙腰子羹等。苏东坡发明了"东坡羹"：将白菜、大头菜、萝卜、野荠菜反复揉洗，除去蔬菜中的苦汁儿，加少许生姜一齐放入锅中熬煮，所得菜羹有天然之甘。

明清以后，"汤"的叫法越来越普遍，"羹"这种表达也延续使用，而且汤和羹渐渐有了约定俗成的区别，即稀的叫"汤"，稠的则叫"羹"。

14 但爱鲈鱼美·鲈鱼

江上渔者　　［宋］范仲淹

江上往来人，但爱鲈鱼美。

君看一叶舟，出没风波里。

藏在古诗词里的中华文明
传统美食

范仲淹看到江上来来往往饮酒作乐的人们，只知道鲈鱼味道鲜美，却不知打鱼人出生入死、同惊涛骇浪搏斗的危境和艰辛，内心无比感慨，于是写下了这首流传千古的诗作。范仲淹是一位关心百姓疾苦的文人，难怪他能写出"先天下之忧而忧，后天下之乐而乐"这样被后世文人称颂并奉为典范的诗句。

最早关于鲈鱼的记载可以追溯到《后汉书·左慈列传》，书中写曹操宴请宾客时说道："今日高会，珍馐略备，所少者，吴松江鲈鱼耳。"意思是在今天的重要聚会上，稍稍给大家准备了点珍馐美味，但缺了松江鲈鱼。

古人尤爱鲈鱼脍。鲈鱼生长在长江中，较为难得，然而它鲜美的味道吸引着一代又一代的人们捕食。脍是指切薄的肉，鲈脍就是切得极薄的鲈鱼片。成语"莼鲈之思"说的是西晋张翰厌弃官场，便以思念家乡莼菜羹、鲈鱼脍为由辞官。

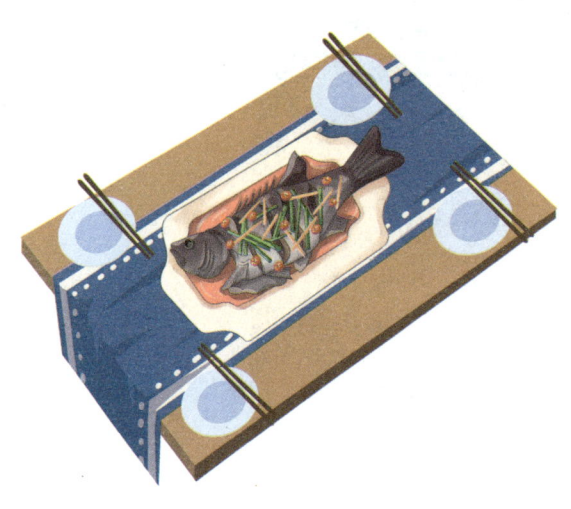

隋唐时，吃生鱼片是一件非常流行的事情，日本人吃生鱼片的习俗就是从我国唐朝传过去的。

"食不厌精，脍不厌细。"做鱼脍最讲究的是刀工，厨师切出的鱼片甚至可以薄到能吹起来。将薄切的鱼片夹起来放到舌尖

(二) 菜　肴

上，口感冰冰凉凉，似有若无。

吃鲈鱼脍，要搭配蘸料。古代蘸鱼片用的酱料叫"虀（jī）酱"，虀酱在传统鱼生蘸料中存在了上千年，主要由韭菜末、姜末、葱末、芥末、蒜末、醋、酱油调制而成，可以起到去腥提鲜的作用。

唐代宫廷中有一道名为"金虀玉脍"的名菜，这道菜的蘸料当中因为加入了橘皮、熟栗子肉等，呈现出金黄色，所以得名"金虀"。食用时，薄薄的鲈鱼片上裹着料汁，看上去如金似玉，吃起来细嫩爽口、清香鲜美。

鲈鱼还可以跟莼菜一起烹调。莼菜口感清淡丝滑，鲈鱼肉质细腻鲜美，白居易就曾在品尝过后感慨道："脍缕鲜仍细，莼丝滑且柔。"

宋代爱国诗人陆游长期在外做官，很想念故乡的鲈鱼，他在诗中写道："十年流落忆南烹，初见鲈鱼眼自明。"诗人看到鲈鱼，昏花的眼睛竟然都变亮了。

鲈鱼味美，尤其适合清蒸，因此清蒸鲈鱼也流传下来，成为颇具代表性的鱼类菜肴。

如今，捕鱼者已经不用再冒着风浪去捕鲈鱼了，我们可以一边品尝美味的鲈鱼，一边通过古人的诗句去品味鲈鱼背后的那些文化和故事。

15 正是河豚欲上时·河豚

惠崇春江晚景　　［宋］苏轼

竹外桃花三两枝，春江水暖鸭先知。
蒌蒿满地芦芽短，正是河豚欲上时。

(lóu hāo)

(二) 菜肴

这首诗是苏轼为惠崇的画作《春江晚景》题的诗。翠竹、桃花、水中嬉戏觅食的鸭子、满地的蒌蒿和芦芽，这些艳丽鲜活、新鲜美味的事物，使作者联想到此时正是河豚即将上市的时候。蒌蒿和芦芽是春天的节令食材，河豚更是其中至味，不管是单独吃还是搭配食用，都鲜美异常。这首诗从眼前所见写到心中所想，虚实结合，给人以想象的空间。

河豚古名"鱼规"，俗名"吹肚鱼"，历来位列"长江三鲜"之首，甚至被称为"百鱼之王""鱼中极品"。

河豚的身体呈纺锤形，头圆尾小；皮坚韧厚实，无鳞，只有尖尖的刺；背部呈黑褐色，腹部白色；眼睛平时呈蓝绿色，会随着光线变化而变色。一受惊吓，河豚的肚子就会鼓得圆圆的，像个小气球，使其天敌很难下嘴，还会发出"咕咕"的声音，一副可爱无敌的样子。

河豚一开始生活在海里，但会从长江入海口溯流而上到扬子江段，并在此生长、繁衍、栖息。

不过，河豚的卵巢、血液和肝脏等器官内都有致命的毒素。一旦食用了没有除尽毒素的河豚肉，就有可能中毒，甚至丢掉性命。可是它的味道实在太鲜美了，古往今来，还是有很多人宁可冒着被毒死的风险也要尝一尝它的美味。

据《山海经》记载，早在大禹治水的时代，我国长江下游沿岸的人们就已经有人食用河豚，并且知道"河豚有毒，食之丧命"的事实。

藏在古诗词里的中华文明
传统美食

春秋战国时期，吴越之地盛产河豚，"搏死食河豚"在民间蔚然成风。

晋代文学家左思曾经在《吴都赋》中详细地记录了民间烹制河豚的方法。

到了唐代，河豚成为宫廷中的一道美食。史料记载，唐玄宗就曾赏赐河豚肉给宰相李林甫，使李林甫受宠若惊、感激不尽。

宋代吃河豚之风更盛，苏东坡就曾多次"搏死食河豚"。河豚不仅经常出现在达官贵人家的宴席上，也成了普通百姓宴请会客时的佳肴。

元明时期，嗜食河豚之风有增无减，明代宫廷中甚至还会举办河豚宴。清代吃河豚的地区更广泛，江南地区更是把河豚奉为美食界的至尊。

菜 肴

食用河豚的最佳季节是春天，3月、4月最好，惠崇《春江晚景》画的正是这个时节。此时河豚不仅肥美，而且产量大、价格低，甚至和普通鱼虾的价格相差无几。

河豚经常与菘菜（白菜）、蒌蒿、荻芽等同煮，现在你能明白为什么苏轼看见蒌蒿、芦芽就联想到河豚了吧？

红烧、白烧是烹制河豚的基本方法。红烧是在保持河豚原有特性的基础上，辅以各种佐料上色，汤汁浓郁，色泽诱人；白烧则汤色奶白，浓汁浓味，鲜美可口，配以碧绿的菜薹（tái）、笋片等，色味俱佳。除此之外，还有河豚刺身、发酵豚肝等吃法。

现在，人们依然热衷于吃河豚。由于实现了人工养殖，河豚的毒素降低了很多，加上处置得当，已经不用担心中毒了。

16 桃花流水鳜鱼肥·鳜鱼

渔歌子　　［唐］张志和

西塞山前白鹭飞，桃花流水鳜(guì)鱼肥。
青箬(ruò)笠，绿蓑衣，斜风细雨不须归。

（二）菜肴

西塞山前，白鹭在自由飞翔；江岸上桃花盛开，春水初涨，水中鳜鱼肥美。张志和在这首词里描绘了一幅明丽的江南春景图。苏轼的"蒌蒿满地芦芽短，正是河豚欲上时"，成就了河豚，唐代张志和的这首诗同样成就了鳜鱼。这首词出现后，鳜鱼作为地方特色美食，开始广受食客的欢迎，也频频成为诗词书画的主角。

鳜鱼，又名"鳌（áo）花鱼"，在我国的食用历史非常悠久。李时珍将鳜鱼誉为"水豚"，意思是其肉鲜味美犹如河豚。除了水豚，还有人将鳜鱼比作天上的"龙肉"，由此可窥见鳜鱼不同凡响的风味。

我国江南地区盛产鳜鱼。那里自古以来就是闻名遐迩的鱼米之乡，历代文人墨客都曾慕名前往食用鳜鱼，并留下诗篇。宋朝著名诗人杨万里品尝鳜鱼后，留下了"一双白锦跳银刀，玉质黑章大如掌"的千古佳句。

松鼠鳜鱼是我国一道流传已久的传统名菜，由于其外形美观，色泽红亮，外脆里嫩，酸甜可口，男女老少都很喜欢。

传说，春秋战国时期的吴王僚昏庸无道，滥杀无辜。僚的堂弟阖闾（hé lú）就决定除掉这个国家的祸害。想到僚平时爱吃鱼，阖闾就让厨师把鳜鱼身上的肉切上花刀，用滚烫的热油将鱼肉炸得翻起来，再在鱼腹中藏上匕首，在进献鱼肉的时候趁机刺杀僚。

阖闾成功刺杀了无道昏君，成了吴国新的统治者。后来，为了纪念这件事，他将这道菜列为宫廷菜，因为炸过的鱼形状酷似一只松鼠，便将其命名为"松鼠鳜鱼"。

此后，松鼠鳜鱼一直在江南一带流行，而这道菜真正火起来，和清代乾隆皇帝有关。据说乾隆皇帝下江南时品尝了这道菜，其令人赏心悦目的色泽和外形，以及美妙的滋味和口感令他龙颜大悦，随即赏赐店家很多银两。松鼠鳜鱼逐渐红遍大江南北，直到现在，热度依然不减。

明清以来，一道叫"臭鳜鱼"的菜也成了经典，竟有"鱼不臭不吃"的说法。相传，徽州人独爱产自长江流域的鳜鱼，因此不少徽商从事长途贩鱼的生意。由于当年没有保鲜设备，商人只得趁着天气凉时才到江边收购，再雇挑夫用木桶挑往皖南山区贩卖。但是有一次，商人雇挑夫赶往皖南的路上，天气突然热了起来，鳜鱼在路上就发臭了。徽商妻子舍不得将臭鱼扔掉，就用浓油赤酱把鳜鱼处理后烧熟，没想到本来发臭的鳜鱼经过她这么一腌制，味道竟然出奇地美妙。一传十，十传百，臭鳜鱼就成了徽州的招牌菜。

由于"鳜"和"贵"谐音，于是鳜鱼慢慢有了"富贵有余"的寓意，成了苏式年夜饭的必点菜。除了松鼠鳜鱼和臭鳜鱼外，鳜鱼还有很多其他的吃法。

17 稻熟江村蟹正肥·螃蟹

题画田蟹　　［明］徐渭

稻熟江村蟹正肥，双螯(áo)如戟挺青泥。

若教纸上翻身看，应见团团董卓脐。

这首题画诗描写了江南水乡稻熟蟹肥，稻田里的螃蟹威风凛凛的样子。如果把螃蟹翻过来看的话，应该能看到像董卓那样圆团团的肚脐了。

早在先秦时期，蟹肉酱就已是贵族食用和祭祀的珍品。中国人吃蟹的文字记录最早出现在《周礼》中，记载的是将螃蟹做成蟹酱用于祭祀的情景。

从魏晋时期开始，螃蟹正式成为人们餐桌上的时髦珍馐，人们将吃蟹当成一件风流雅致的饮食消遣。

《世说新语》中记载了一个叫毕卓的食蟹者。他平生有两大爱好，一是饮酒，二是吃螃蟹。他曾说，只要"一手持蟹螯，一手持酒杯"，此生就满足了。

李白曾为螃蟹赋诗："蟹螯即金液，糟丘是蓬莱。"只要有螃蟹加美酒，不管是什么糟糕的地方都变成蓬莱仙境了。苏轼酷爱吃螃蟹。为了吃螃蟹，他替人写诗，一首诗只换得两只螃蟹，"堪笑吴兴馋太守，一诗换得两团尖"。

在漫长的岁月中，古人食蟹、品蟹的热情有增无减，螃蟹的烹饪方法也经历了诸多演变。唐朝时期比较流行的吃法有糖蟹、糟蟹等；到了两宋时期，更多的螃蟹菜品诞生了。

当时，北方有一种叫"洗手蟹"的做法。为了保持螃蟹味道的鲜美，人们将鲜活的螃蟹拆解成块，拌上盐、梅、橙、姜和酒等调料，快速腌制后即刻食用。食材处理之快，也就是客人洗手的工夫，螃蟹就做好了。

(二) 菜肴

南方较有名的做法是"蟹酿橙",即先将橙子截去橙顶,剜去橙瓤,留下少许橙汁,再将蟹肉挖出,然后将酒、醋、水等拌匀填入掏空的橙子里,盖上橙顶,蒸熟。橙子的香味和螃蟹的鲜美融合,可以让人品尝出新酒、菊花、香橙、螃蟹的味道。

清代文学家、戏剧家李渔爱蟹如命,人送雅号"蟹仙"。他认为螃蟹是天下最精致的美食,吃蟹就要遵循自然之道,原汁原味,所以他喜欢将蟹整只蒸熟。每年螃蟹上市之前,李渔便早早地存好买螃蟹的专用银两,并将之戏称为"买命钱"。

秋天到来,蟹肥膏美。吃蟹、饮酒、赏菊、赋诗渐渐成了金秋的风流韵事,最后形成亲朋好友一起欢聚的螃蟹宴。人们吃蟹越来越讲究,还发明了专门的吃蟹工具。

现在的螃蟹,可以说是"上得厅堂,下得厨房",高档餐厅里有它的身影,百姓餐桌上也有它的存在。吃法更是五花八门,有精致富有仪式感的,也有豪爽不拘小节的。总之,我们中国人吃螃蟹,吃出了滋味,吃出了文化,也吃出了生活哲学。

18 和羹芹菜嫩·芹菜

游灵云寺　　［明］柯潜

朝回天尚早，骑马到岩扉。

涧水流花去，山云载鹤归。

和羹芹菜嫩，荐酒蕨芽肥。

适意坐来久，空岚吹满衣。

(二) 菜肴

明代柯潜的这首田园诗描绘了一幅骑马山间的惬意画面。山间溪水携落花流去，天上的白云载鹤而归。用来做和羹的芹菜正鲜嫩，做下酒菜的蕨芽也正肥美无比。

前文提到杜甫曾在诗中写过"碧涧羹"，此后这道羹汤便成为文人标配，而碧涧羹的灵魂就在于芹菜的色泽和独特的香味。

在我国古代相当长的一段时间内，"芹菜"是旱芹、香芹、蒲芹、水芹等的统称，直至明代李时珍著《本草纲目》，才有了旱芹和水芹之分。《诗经》有"言采其芹""薄采其芹"的记载，说的是每次采摘其嫩茎，常采常有，常吃常青；《吕氏春秋》记载，芹"有本味"，还赞美芹是"菜之美者"。

自汉代起，我国就开始人工栽培芹菜了，但不是种来吃的，而是将其作为观赏植物。没错，现在你看到的成捆售卖的芹菜，曾经是被种在花盆里欣赏的。直到后来种植范围才渐渐扩大，芹菜成为餐桌上的主要蔬菜之一。

关于芹菜的吃法，记载有很多。先秦时期，屈原的故乡楚地流行芹菜加其他荤素食材做成的羹汤，叫"芹（芹）羹"，有狗芹羹、雁芹羹、鲫芹羹、藕芹羹、猪肉芹羹等。楚地的"云梦之芹"在当时很有名，很多诗歌中出现过它的身影。

周代最隆重的祭祀活动上，也少不了芹菜做成的菜肴，"芹菹（zū）兔醢（hǎi）"是陈列的菜品之一。

唐代时，宰相魏徵平日经常是一副刻板严肃的样子，可是每每在吃一道叫"醋芹"的菜时，总会情不自禁地开心称赞。其做法是先将芹菜发酵，再加入调料，闻起来清香扑鼻，吃起来酸咸开胃。

天宝年间的初夏，杜甫和好友行至长安城南少陵原下。那里微风阵阵，碧潭百顷，树林幽深，莺声婉转。在这样的环境中，杜甫吃到了这道"香芹碧涧羹"，并写诗记录了下来。后世文人在诗中写到"碧芹羹"多是引用这首诗。

南宋时期，有诗人留下"碧涧一杯羹，夜韭无人剪"的诗句。春天正是韭菜美味的时节，但若是喝上一杯碧涧羹，夜里就再无人辛劳地去收剪韭菜了，可见这杯碧涧羹在人们心目中有多鲜美。

清代袁枚喜欢用芹菜和鸡进行搭配，他在《随园食单》中记载了此菜的做法：把鸡肉拆成丝，加芹菜，放醋等各种作料拌匀即可。这道菜荤素搭配，清香爽脆，是非常可口的一道小菜。

芹菜外观修长而碧绿，而且有种独特的香气，吃起来清脆爽口。古代文人雅士钟爱带有香气的蔬菜，认为其具有美好的品质。由此，芹菜被赋予了丰富的文化内涵。

古时学子在进京赶考之前，第一件事就是要到孔庙前的泮池采些芹菜插在帽子上，再去孔庙祭拜，称为"采芹"。因此读书人又被称为

(二) 菜肴

"采芹人"。

芹菜浓烈的味道，有人喜爱，有人厌恶。《列子·杨朱》中有这么一个故事，有个人在村里向他人大肆吹嘘芹菜如何美味，可别人吃完后，不仅不认为好吃，甚至认为难以入口、下咽。故事的用意是告诫人们自己认为好的东西，别人不一定认为好。

后来，人们常用"献芹"或"芹献"来谦称赠人的礼品菲薄或所提的建议浅陋，并引申出成语"略表芹意"，意为对别人很感谢，但自己所送的礼物或者所做的服务价值不大，只能稍微表示一点儿心意；"美芹之献"，则是地位低的人向地位高的人提建议，用以自谦，表示自己所提的建议不足当意。

如今，芹菜依然是人们日常食用的蔬菜之一，可以清炒，可以凉拌，还可以生吃。只是因为它的味道独特，所以依然是有人喜欢，有人敬而远之。

19 一畦春韭绿·韭菜

杏帘在望 　　〔清〕曹雪芹

杏帘招客饮,在望有山庄。
菱荇鹅儿水,桑榆燕子梁。
一畦春韭绿,十里稻花香。
盛世无饥馁,何须耕织忙。

(二) 菜肴

这首《杏帘在望》出自曹雪芹所写的《红楼梦》。《红楼梦》中有大量诗词，创作水平可与传颂的经典诗词媲美。

无论在古代还是在现代，韭菜始终占据着餐桌上的重要位置。春韭更是春天时鲜的代表，只是现在时蔬种类多，春韭因为太过平凡，往往不被人注意。

韭菜在历史上曾经辉煌一时，地位尊贵。

商周时期，春分祭祀必用春韭。《诗经·豳（bīn）风·七月》中载有"献羔祭韭"，韭菜和羊肉一起参与祭祀，说明当时韭菜地位非凡。

据《礼记·王制》记载，我们现在常吃的韭菜炒蛋，在先秦时期就已经出现了，但那时是专门祭祀祖先用的，为的是让祖先保佑一家人健康顺遂。用来祭祀神灵和先祖的祭品，不外乎两种，一是美味，二是稀有。

西晋时，韭菜炒蛋由祭祀食品变为普通人家的菜肴。

不光普通百姓，王公贵族也视春韭为佳品。唐制中记载："立春，以白玉盘盛生菜，颁赐群臣。"这里的"生菜"指的就是韭菜。用白玉盘盛韭菜，足以看出其地位了。

宋代《梦粱录》中提到，"羊脂韭饼"作为元宵节的应节美味，在夜市上出售；明代张澜之在《不二杂集》中提到四种韭菜面食，分别是韭咸饼、蒸韭饼、韭叶烧卖、炙韭肉饼。由此可以想见韭菜在当时的受欢迎程度。

冬天，为了给地里的韭菜保温，古人在无意中发明了韭黄的种植

藏在古诗词里的中华文明
传统美食

方法。东汉时期就有关于韭黄的记录。到了宋代,人们使用温室栽培韭黄,还利用粪土发酵所提供的热量来给土壤加温,促进韭黄等蔬菜的生长。

这一发明让普通百姓也能吃到韭黄、芽菜等稀有蔬菜了。苏轼有诗曰:"渐觉东风料峭寒,青蒿黄韭试春盘。"诗句描述了冬春时节韭黄上市,大受人们欢迎和喜爱的情形。

韭菜是关乎民生的农作物,北宋朝廷下达了"凡男女十岁以上,种一畦韭"的命令,之后的许多朝代都要求老百姓必须种韭菜。

到了明代,韭菜不光是人们最主要的自用蔬菜,还是市面上最常见的蔬菜品种。当时就有"南椒北石榴,要富还栽韭"的说法。韭菜在市场上非常受欢迎,种韭菜可以给老百姓带来很好的经济回报。

清代《辙环杂录》中总结了四季应时的美味蔬菜:"春前新韭,晚秋寒菘,夏浦茭根,冬畦苔菜。"韭菜作为春天餐桌上蔬菜的主角,一直广受人们欢迎。

现在,韭菜、韭黄作为人们喜欢的蔬菜,无论在哪个季节,都能以各种各样的烹饪方式出现在我们的餐桌上。

20 春来荠美忽忘归·荠菜

食荠 [宋]陆游
（荠 jì）

日日思归饱蕨薇，春来荠美忽忘归。
传夸真欲嫌荼（tú）苦，自笑何时得瓠（hù）肥。

陆游在诗中说，天天都想着回家乡，把蕨芽、薇菜吃个够。可是春天一到，吃到美味的荠菜后，就忘了回家的事。每年一到农历二月过后，南北各地的田野里就会出现一支挖荠菜的大军，他们都为野生荠菜的美味所折服。看来，对于荠菜的喜爱，古人和今人是一样的呀！

约在春秋时期，人们就开始食用荠菜了。《诗经·邶（bèi）风·谷风》里有"甘之如荠"这么一句话，足以证明在春秋时期，荠菜不仅已经被食用，并且因为滋味好而得到了人们的喜爱。

"物以稀为贵，食以野为奇。"文人雅士向来在食材上追求"野"和"奇"，这种现象在唐宋时期达到巅峰，文人甚至以食荠菜为荣。

唐朝时，西京西安和东都洛阳文人雅士聚集，百姓抓住这一商机，制作荠菜菜肴售卖。荠菜春饼就是其中非常有名的一种应季食物。

荠菜的商品化，反映出唐朝都城的人们对于荠菜的喜爱程度。不过，这种情况在一些偏僻的地方并没有出现，荠菜虽然大家都吃，但并没有买卖。

到了宋代，文人雅士更是认为荠菜比肉食更鲜美。一时间，荠菜身价倍增。苏轼的《次韵子由种菜久旱不生》曰："时绕麦田求野荠，强为僧舍煮山羹。"为了一碗荠菜羹，苏轼绕着麦地一圈圈地找啊找。他不仅亲手挖荠菜，还亲手做羹。看来，苏轼对荠菜是真爱，荠菜羹也由此有了"东坡羹"的别称。

陆游对荠菜也堪称痴迷。据说，他在66岁以后，不仅经常骑

(二) 菜肴

着毛驴、扛着锄头，和村里的老人一起挖荠菜，还留下了不少关于荠菜的诗句。

南宋时期，东坡羹的名气可能与现在的东坡肉不相上下；荠菜馄饨，也常常被世人吟诵，有"甘包雪里春"之称。

得益于这些文人雅士的推崇，荠菜越来越受追捧，于是出现了野菜和牛、羊肉相提并论的现象。可以说，荠菜改变了唐宋时期人们的饮食习惯。

"三月三，荠菜赛金丹。"农历三月初三是"上巳（sì）节"。据说荠菜能治头晕，加上三月初三时荠菜已经生长出来了，因此许多地方有上巳节食荠菜的传统。在这一天，荠菜多用来做馅料包饺子或者馄饨，还有一些地方会用荠菜煮鸡蛋来吃。

荠菜从春秋时期登上餐桌，到唐宋时期受追捧，历经几千年，到今天仍被很多人喜欢。荠菜虽然没有得到大面积人工种植，但一直没有离开我们的餐桌。

21 好竹连山觉笋香·竹笋

初到黄州　　[宋]苏轼

自笑平生为口忙,老来事业转荒唐。

长江绕郭知鱼美,好竹连山觉笋香。

逐客不妨员外置,诗人例作水曹郎。

只惭无补丝毫事,尚费官家压酒囊。

（二）菜肴

北宋元丰三年（1080年）二月，45岁的苏轼初到黄州。此时的苏轼刚刚经历了乌台诗案，处境艰难窘迫，过着困顿迷茫的生活。好在黄州山川秀美，物产丰富，让苏轼的心境发生了巨大的改变。他多了"东坡"这个名字，创作也迎来一个高峰，留下了很多脍炙人口的作品和很多美食的做法。

笋是我国南方广受欢迎的一种食材。竹笋是竹子的嫩芽，《尔雅》中笋的定义为"笋，竹萌也，可以为菜肴"。

早在3000多年前，古人就开始吃竹笋了。据《诗经》记载，人们会在春天采集竹笋和新蒲来祭祀神灵，可见竹笋在当时是受到人们推崇的美食。

《诗经》中还记载了韩侯觐见周王后离京，周王为其举行了践行宴，宴席上就有嫩笋做的菜肴。周王本人喜欢吃竹笋，他命人将竹笋进行腌制，食用时还要配上鲜美的鱼肉酱。

随着时间的推移，食笋之风日渐盛行。

到商朝时，江南地区已普遍食用竹笋。西汉时期的枚乘列出他认为最好吃的九道菜，其中一道就是以竹笋为主料做的。湖南长沙马王堆汉墓出土的简牍上记载着一款"鹿肉

鲍鱼笋白羹",是将鹿肉、鲍鱼和笋炖在一起做成羹。

食笋之风在唐宋时期达到巅峰,笋成了当时文人墨客中的流行食品。白居易曾说,即使每天让他吃竹笋,他也不会觉得腻。他曾将春笋和米饭同煮,发现味道超棒,于是夸张地说如果每天这么吃的话,过不了多久连肉都不想了。唐太宗也非常喜欢吃竹笋。每当春笋上市时,他都要举行笋宴召集群臣一起吃笋。

同样爱吃笋的还有宋代的苏东坡,除了开头的那一首,他还写过好几首关于吃笋的诗歌。黄庭坚和陆游则是吃笋就不吃肉的主儿。陆游看到春笋端上桌,连鸡肉、猪肉都看不见了。"早笋渐上市,青韭初出园。老夫下箸喜,尽屏鸡与豚。"(陆游《春晚书斋壁》)

不过,要说最爱吃笋的,还得是宋代和尚赞宁。他编了一部《笋谱》,不仅在其中详细记述了90多种竹笋,还总结了采笋、煮笋的各种经验,也因此得了"笋痴"的雅称。

清代文人美食家李渔也爱吃竹笋,并且誉称竹笋是"至鲜至美之物,蔬食中第一品"。

康熙皇帝喜欢吃笋,每到春天都会吃江南的嫩笋。乾隆皇帝则更甚,他曾六下江南,基本都在正月十五前后启程,驻足杭州数日,几乎顿顿吃笋,甚至一顿多笋,早上春笋炒肉、春笋糟鸡,中午春笋糟肉、春笋火熏白菜、春笋爆炒鸡、腌笋炖棋盘肉,晚上再来一道雪里蕻炒春笋,几天下来将笋做的经典菜吃了个遍。

笋脆嫩鲜美,甘甜爽口。时至今日,中国人对竹笋依然保持着一份钟爱,竹笋的鲜美已经成为中国味道的代表。

22 留薤为春菜·薤

村居卧病三首（其三） ［唐］白居易

种黍三十亩，雨来苗渐大。

种薤(xiè)二十畦，秋来欲堪刈(yì)。

望黍作冬酒，**留薤为春菜**。

荒村百物无，待此养衰瘵(zhài)。

葺(qì)庐备阴雨，补褐防寒岁。

病身知几时，且作明年计。

传统美食

　　白居易隐居乡下期间，虽身患疾病，但从没有停止文学创作。这首诗描绘了他种黍作冬酒、种薤为春菜的艰辛、清贫的村居生活。诗人病卧荒村，对未来感到茫然，但依然忙碌地种黍植薤，修房补衣，为来年做打算。

　　诗中的"薤"是一种古老的蔬菜。先秦时期，有"五菜"之说，即葵、韭、藿（huò）、薤和葱。韭菜和大葱，现代社会人们依然在大量食用，葵、藿和薤的食用范围不如韭和葱，估计有些人连薤这种食材都没听说过。

　　薤，又称"藠（jiào）头""野葱""薤白头""野白头"等，生长于我国海拔1500米以下的山坡、草地或丘陵上。薤的叶子有点像韭菜，根却像蒜，二者均可食用。

　　作为古代的一种常备蔬菜和常用的调味品，薤被称为"菜中灵芝"。

　　相传，我国从商代开始种植薤。唐朝时就有了种植薤的系统技术，每年初春时节栽种，秋季收获并储存起来，等到冬春季节田里没有其他蔬菜的时候再食用。白居易的诗句正是体现了这一情景。

　　同样在诗中写过薤的，还有杜甫。杜甫晚年在秦州（今甘肃天水）暂居时，生活拮据的他收到老友阮昉亲手栽种的三十束薤白。

(二) 菜肴

为感激老友，杜甫以《秋日阮隐居致薤三十束》为题作了一首答谢诗。"隐者柴门内，畦蔬绕舍秋。盈筐承露薤，不待致书求。束比青刍（chú）色，圆齐玉箸头。衰年关鬲（gé）冷，味暖并无忧。"诗中说，自己年龄大了，身患肠胃疾病，而薤白具有温通肠胃、疏通气滞的功效。从杜甫的这首诗中我们可以发现，古人除了食用薤，还会用它来养生。

薤适合腌、酱、泡、拌、炒、煮、炖、熘等多种食用方法。此外，将薤捣烂了做酱料，佐肉类食物蘸食，更是备受人们喜爱。

除了直接食用，古人还用薤来泡酒饮用，许多诗词对此进行过描述。白居易有诗云："今朝春气寒，自问何所欲。酥暖薤白酒，乳和地黄粥。"意思是初春时节，寒气没有消散，可以饮用酥油野蒜酒，进食牛奶地黄粥来驱寒。

由于薤口感辛辣且产量低，在大蒜引进后，薤逐渐被大蒜取代，不再是主流蔬菜。不过，还是有爱好者到野外寻觅野生薤，品尝其独特的滋味。

23 菘心青嫩芥薹肥·菘

春日田园杂兴（节选） ［宋］范成大

桑下春蔬绿满畦，菘(sōng)心青嫩芥薹肥。

溪头洗择店头卖，日暮裹盐沽酒归。

（二）菜肴

范成大可真是个田园诗高手，在他的笔下，春日田园风光清朗明媚，生活恬淡又安逸。春天来了，桑树下的菘和芥苔长得碧绿喜人，将它们摘下来在溪边清洗便可拿去卖钱，傍晚用卖菘的钱买盐打酒带回家。诗中的"菘"是白菜的古称，在我国的种植已经有6000多年的历史。先秦时期，人们将白菜、青菜、芜菁等蔬菜统称为"葑"，最初主要在我国南方地区种植。

现在的白菜几乎是最平民化的蔬菜，然而在过去曾被奉为菜中极品，文人墨客更是为它写了很多赞美的诗篇。

北魏孝文帝迁都洛阳后，开始在洛阳周边栽培白菜。这一举动，使得白菜的种植范围一下子向北方扩展了很多。因为白菜具有松树一样耐寒的特性，于是人们就给它取了一个名字——"菘"。这种出自皇家菜园的蔬菜，一经问世就成了达官贵人的新宠。但那时候白菜的食用范围还仅限于在贵族之间，普通百姓很难吃到。

唐朝以后，菘开始普及，日益大众化。此时，人们已培育出白菘、紫菘和牛肚菘等不同的品种，牛肚菘因为叶片硕大、味道甘甜，最受欢迎。唐代人发现，经霜打的菘不仅没死，反而比往日的口感清甜爽口，味道极美。一时间，"秋末晚菘"被视为菜中极品。

话说有一年冬天，当时的一位文人把经霜后的菘切成细丝，搭配新挖的冬笋一起小火慢炖。众人品尝后赞不绝口，他兴奋之余，写下了"晚菘细切肥牛肚，新笋初尝嫩马蹄"的诗句，这里的"牛肚"指的是牛肚菘。

宋代，《六书故》记载："菘，息躬切，冬菜也。其茎叶中白，因谓之白菜。"虽然有了"白菜"这个名字，但人们大多数时候还是将这种菜写作"菘"。此时，菘的食用更加大众化了，但文人墨客对菘的喜爱一点都没有减少，反而愈加浓烈。

苏轼在《雨后行菜圃》中写道："白菘类羔豚，冒土出蹯（fán）掌。"说的是秋后的白菘既可以和羊肉、乳猪的味道媲美，又像是从土里冒出的美味熊掌。这比喻大概只有苏轼这样爱好美食的人才能想出来。

苏轼之后的陆游，爱菘更甚。陆游有个菘园，种菘、吃菘、写诗赞美菘成了陆游生活中的一大乐事。他在《菘园杂咏》中写道："雨送寒声满背蓬，如今真是荷锄翁。可怜遇事常迟钝，九月区区种晚菘。"九月才想起种白菜，难怪要说自己迟钝呢！他还留下了"菘芥煮羹甘胜蜜，稻粱炊饭滑如珠""春泥剪绿韭，秋雨畦青菘"等赞美菘的诗句。

金代，菘真正成了家家皆食、随手可得的美味蔬菜。人们纷纷在自家后院种菘，还学会了用菘制作各类精美的佳肴。

到了元代，菘已经是极其普通的蔬菜，也渐渐从文人墨客的诗歌当中消失了，"白菜"的叫法几乎完全取代了"菘"。

如今的白菜，既能上豪华宴席，也可做寻常百姓餐桌上的一碟可口小菜。

24 青丝族饤莼羹味·莼菜

泊吴江食莼(chún)鲈茭菜二首（其一） ［宋］袁说友

青丝族饤(dìng)莼羹味，白雪堆盘缕脍鲈。

我向松江饫(yù)鲜美，菜肠今更食新菰。

袁说友的这首诗，记录了他在旅途中特意停靠吴江，以品尝当地特产的情景。碧如青丝的莼菜羹、洁白如雪的鲈鱼脍和新鲜肥嫩的菰菜（茭白）都令他赞不绝口。

莼菜是一种睡莲科植物，又叫"马蹄菜""湖菜"。我国江南的水塘、湖泊和沼泽地都很适合莼菜生长，南北朝时期的《齐民要术》中，就记载了莼菜的种植方法。

莼菜很早就被视为一种珍贵的蔬菜，因其长得很像碧螺春茶，所以有了"水中碧螺春"之称。碧螺春可是一种名贵的茶叶，拿它来比喻莼菜，可见古人对莼菜的推崇。

因思念吴中莼羹、鲈鱼脍和菰菜而辞官回乡的张翰，成功地为家乡这几样特产做了代言。自此，莼菜、鲈鱼和菰菜备受文人雅士的推崇。他们到了吴江，必定要靠岸品尝一下这几样美食，还要写诗来纪念一下。杜甫、白居易、贺知章、苏轼、辛弃疾……都曾留下过这样的诗词。

关于莼菜之美，《世说新语》里也有一个典故。西晋时，太原晋阳人王武子的家乡产羊酪，王武子常常以此为傲。一次宴席上，他又以此夸耀，并问在座的人："在座的各位，你们家乡可有什么美味可和羊酪一比高下？"没想到家乡在江南的陆机毫不犹豫地回答说，不加盐豉的"千里莼羹"就胜似羊酪，言下之意是如果加了盐豉的莼羹就更鲜美了。

莼菜用来煮汤做羹，色味俱佳，是最受推崇的吃法。由于莼菜茎叶间有很多黏液，人们用"其味香脆滑柔，略如鱼髓、蟹脂，

(二) 菜肴

而清轻远胜……"来夸赞它的美味。

莼菜调羹大致可分鱼羹、肉汤、素食三类。西湖莼菜汤、莼菜鲫鱼羹、莼菜黄鱼羹、莼菜虾仁、莼菜鸡丝汤等，都是脍炙人口的江南名菜。

清代的文人美食家李渔用莼菜、蘑菇、蟹黄和鱼骨一起煮羹，起名叫"四美羹"。每次他用这道菜招待客人时，菜都会立刻被抢光，大家都说吃了四美羹，就感觉没什么别的可吃了。虽然这些话里不乏溢美之词，但也确实反映出文人墨客对莼菜的喜爱。

就连清朝皇帝康熙和乾隆也都对莼菜赞不绝口。康熙皇帝更是尝试在后花园种植莼菜，想来这应该不仅仅是附庸风雅之举吧。

莼菜被世世代代的文人所喜爱、推崇，因此拥有了特殊的文化内涵。不管是对于文人墨客还是普通民众而言，莼菜都是一味清新雅致、备受喜爱的食材。

25 青青园中葵·葵菜

长歌行　　［汉］佚名

青青园中葵，朝露待日晞。

阳春布德泽，万物生光辉。

常恐秋节至，焜黄华叶衰。

百川东到海，何时复西归？

少壮不努力，老大徒伤悲。

二 菜肴

这首汉乐府诗流传广泛，其中的"少壮不努力，老大徒伤悲"，几乎人人能背诵。诗人从清晨带着露珠的葵写到万物，赞美了青春年华的美好，同时也感慨青春易逝，鼓励我们奋发图强，不要虚度。不过，你可不要因为这首诗的意境就把诗中的"葵"理解为向日葵，这里的"葵"其实是一种蔬菜，曾经在古代人的饮食中占据过非常重要的地位。

《诗经》中就有关于葵菜的记载。"六月食郁及薁（yù），七月亨葵及菽（shū），八月剥枣，十月获稻，为此春酒，以介眉寿"，郁、薁、葵、菽、枣、稻都是日常食物，郁是李子，薁是葡萄，菽是豆类，而葵则是一种锦葵科的草本植物，其苗叶可以用来做菜。

葵曾是历史上大名鼎鼎的"百菜之主"，可食用的主要是其幼苗和嫩茎叶。由于葵茎叶中自带黏稠物质，因此即便烹饪时不放油，吃起来也非常爽滑鲜嫩。

在我国历史上很长一段时间内，蔬菜都以烫煮的方式烹调，所以葵这种非常容易煮熟的蔬菜就成了当时人们佐餐菜肴的第一选择。汉乐府《十五从军征》写了汉魏时期的一名士兵，年老归家后"舂谷持作饭，采葵持作羹"的情景，意思是把谷子壳去掉来做饭，采来葵菜做羹汤。

一直到唐宋时期，上至达官贵人，下至平民百姓，大家都爱用葵菜做羹汤来配合主食食用，这在许多诗歌中都有体现。李白写过"野酌劝芳酒，园蔬烹露葵"，王维也曾写下诗句"山中习静观朝槿，松下清斋折露葵"。

葵羹是古代常见的一道菜蔬，用冬葵和米同煮，是常见的平民美食。在苏东坡的诗句"烂煮葵羹斟桂醑（xǔ），风流可惜在蛮村"中，煮得软烂嫩滑的葵菜，被佐以桂花酿食用。

因为古人采摘冬葵都是在晨曦之前，此时太阳还未升起，其叶片还沾着晶莹的露珠，所以又被称为"露葵"。

到了明代，葵的地位渐渐被白菜所取代。原因是葵菜虽然美味，但有个缺点——性极寒，吃多了容易腹泻。古代粮食产量低，需要用各种蔬菜来充饥。葵菜虽然好吃，但不能多吃，所以没有办法代替粮食解决人们的饥饿。再加上明朝时气候发生了很大的变化，温度较之前低了很多，葵菜不耐寒，因此很多地方就不再适合种植了。而白菜具有耐寒的特点，在我国大部分地区都可以种植，食用

菜 肴

口感也很好。更重要的是,白菜的产量要比葵菜高数倍,吃多了也不会不舒服,可以满足以菜代粮的需要。

凭借这几点,白菜快速崛起,代替葵菜成为新一代的"百菜之主"。于是,种植葵菜的人越来越少,后来就只有野生的了。

《本草纲目》记载了这一变化:"葵菜古人种为常食,今之种者颇鲜。"葵陪伴古人度过了漫长的岁月,见证了无数的历史变迁,从"百菜之主"到被白菜取而代之,这何尝不是我国人民餐桌上食物演变的一个缩影呢?

26 芦芽抽尽柳花黄·芦芽

乾溪铺　　〔宋〕李次渊

芦芽抽尽柳花黄，水满田头未插秧。
客里不知春事晚，举头惊见楝(liàn)花香。

(二) 菜　肴

在这首脍炙人口的小诗中，诗人描述了自己在乡村的所见所感。从诗的第一句可知，此时已近春末，大概是农历三月左右。诗人趁着春雨，挖竹笋、芦芽，给水田灌水，平整土地，准备随时插秧。劳作归来后，抬头忽见楝树花已经开放。在宋代，楝树是常见的庭院树木，楝花盛开，代表着季节从春天走向夏天。

春光易逝，令人伤感，但春天的新鲜食材却能让人大快朵颐。诗中的"芦芽"，又叫"荻芽"，是芦、荻之类植物的嫩芽。芦芽外皮多是绿色或者紫色，将其表皮剥开，里面是一节一节的茎，样子很像竹笋，所以又叫"芦笋"或者"荻笋"。

古人往往分不清芦和荻，所以这一类嫩芽往往都叫这几个名字。芦，即芦苇，多生长在江河湖泽、池塘沟渠沿岸和低湿地带，年复一年地发芽、生长、繁殖，是古人春季蔬菜重要的来源。

两千多年前汉代的《神农本草经》就已经将芦芽列为"上品之上"。

早春，芦芽钻出泥土，成为古人餐桌上的一道美食。人们会将采摘回来的芦笋剥去外壳，用温水浸泡，目的是降低芦笋的苦味，改善口感。芦笋的烹饪方法与竹笋相似，用来煮汤或炒肉皆可，还可以腌制或者制成笋干。

芦芽吃起来脆嫩可口，古人常将其和鲜鱼一起煲汤喝。据史料记载，诸葛亮当年智算华容道时，士兵们就是以芦笋为食。除了较为常见的吃法，人们还将芦笋制作成药膳。

作为春季时令野味，芦笋常见于古人的诗歌之中，唐代著名的大才子元稹在《早春寻李校书》中曰："带雾山莺啼尚小，穿沙芦笋叶才分。"杜甫在其《槐叶冷淘》中也曾写道："碧鲜俱照箸，香饭兼苞芦。""苞芦"就是芦芽。

到了宋代，欧阳修曾写下"荻笋时鱼方有味，恨无佳客共杯盘"的佳句，苏轼也留下"蒌蒿满地芦芽短，正是河豚欲上时"的诗句。把蒌蒿、芦芽这一类植物的嫩芽跟河豚等名贵食材放在一起写的不只苏轼，王安石也有"鲥（shí）鱼出网蔽洲渚（zhǔ），荻笋肥甘胜牛乳"的诗句。

进入宋代，仍出现了很多关于芦芽、荻笋的诗歌，清代叶调元曾写下"几种园蔬美又廉，芹芽脆进荻芽鲜"，可见芦芽一直都是文人雅士喜爱的春季野味。

现在，食用芦芽虽然比较小众，但是爱好美食的人们还是会在春暖花开的季节，到野外去寻觅它的踪影，偶尔也会有辛勤的农人采来售卖。

27 溪童相对采椿芽·香椿芽

游天坛杂诗十三首（其四） ［金］元好问

溪童相对采椿芽，指似阳坡说种瓜。

想得近山营马少，青林深处有人家。

传统美食

元好问在金元时期素有"北方文雄"的称号。他在这首诗中描写了春色渐浓时,一群小孩子骑在树上采摘椿芽的场景。整个画面清新怡然,活泼可爱。

诗中的"椿芽"是香椿在春天长出的嫩芽,是一种深受人们喜爱的春季蔬菜。香椿树是原产于我国的特有树种,有着悠久的栽培历史。《山海经》中有"又东五百里,曰成侯之山,其上多櫄(chūn)木"的记载,"櫄木"就是香椿。

不同于其他蔬菜,香椿可食用的部位就是这一木本植物的嫩芽,所以香椿芽被人们称为"树上的蔬菜"。

汉代时,吃香椿芽的习俗就已在大江南北盛行。据说汉高祖刘邦兵败后,曾在一处庙宇避难,吃了"香椿托盘"和"生油拌香椿"后感觉香醇无比,妙不可言,于是留下"但愿香椿长春"的感慨。

至唐宋时期,食用香椿芽的风气更盛。宋代苏颂编著的《图经本草》记载:"椿木实而叶香,可啖。"

由于深受王公贵族的喜爱,香椿芽曾经和荔枝一起成为南北两大贡品。

明清两代依然保留着把香椿作为贡品的制度。明代的《帝京景物略》曾有"元旦进椿芽、黄瓜,一芽一瓜,几半千钱"的记载,可见香椿在当时有多么昂贵。

香椿虽然价格高,但在乡野中并不稀缺,房前屋后都可以栽种,普通百姓顺手采摘就可以烹调享用。明代文人李濂在《村居》中写道"抱孙探雀舟,留客剪椿芽",家里来了客人,剪一些椿芽来

（二）菜肴

待客，这美味虽然简单、质朴，但并不会怠慢客人。

古人不仅留下很多赞美香椿芽美味的作品，还记录了香椿的种种做法。

明初，医学家朱橚（sù）的植物图谱《救荒本草》中记载了香椿的做法，"采嫩芽炸熟，水浸淘净，油盐调食"。"炸"在这里是放在沸水中略煮的意思，很多方言中依然保留着这种用法。这种香椿的烹调方法可以很好地去除香椿的涩味，也更能激发出香椿芽的香气，所以现在仍然普遍应用。

香椿芽味美，却是季节性蔬菜，一旦过了季，想吃就没有了。于是，明代人发现了一种保存香椿芽的方法，"汤焯，少加盐，晒干，可留年余"。用沸水焯烫香椿芽，加入少许盐，再晒干，就可以存放一年以上。

清代美食家袁枚在《随园食单》中记载了"香椿芽拌豆腐"的做法，说明这道菜在那时非常受欢迎。怕是袁枚也没有想到，香椿芽拌豆腐这道菜现在仍然受到众多食客的喜爱。

如今，香椿芽依然是春季蔬菜中的贵族，不过依托种植技术的发展，要吃也不是难事。

28 霜皮露叶护长身·冬瓜

冬 瓜　　［宋］郑清之

剪剪黄花秋后春，霜皮露叶护长身。

生来笼统君休笑，腹里能容数百人。

(二) 菜肴

宋代诗人郑清一定是个非常喜欢冬瓜的人。在这首诗中，他不仅赞美冬瓜的花美、形态修长，更是以冬瓜自喻，赋予冬瓜以清白和包容的品质。

三国时期的《广雅》记载了冬瓜名称的由来："冬瓜经霜后，皮上白如粉涂，其子亦白，故名白冬瓜。"因为冬瓜成熟后表面有一层白霜，所以名叫"冬瓜"。其实，冬瓜还有一个名字，叫"白瓜"，也是因为这个原因。

古人很早就开发出了很多烹饪冬瓜的方法。

北魏《齐民要术》里记录了一种"梅瓜"，是把冬瓜切条，再用梅子汁腌制而成的。书中还提到了一种叫作"瓜芥菹（zū）"的腌菜做法，"用冬瓜，切长三寸、广一寸、厚二分。芥子，少与胡芹子，合熟研，去滓，与好醋，盐之，下瓜"。

宋代的《武林旧事》中提到"冬瓜鲊（zhǎ）"和"蜜冬瓜鱼儿"，前者是一种腌冬瓜；后者的做法是先把冬瓜蜜制，再在内壁中雕出精巧的鱼儿。

宋代还有一道"嫩冬瓜煮鳖鱼裙"，是用甲鱼的裙边和嫩冬瓜一起煨制而成的汤品。

宋代诗人释师观有诗云："万里无寸草，衲僧何处讨。蘸雪吃冬瓜，谁知滋味好。"诗人在冬天将冬瓜蘸着冰凉的雪一起吃，这是怎样的一种心境啊！

元朝有一道"蜜煎冬瓜"：先将冬瓜去皮切片，焯水后放凉，再用石灰汤浸泡，加入蜂蜜一起熬熟，蜜水沸腾四五道之后倒出，然后换上新鲜蜜水，直到将冬瓜熬至色泽微黄，最后倒入容器中腌制。

元朝人还认为，将螃蟹与冬瓜同煮，螃蟹的味道会更加鲜美。

明朝人留下"蒜冬瓜"的做法：将冬瓜去皮、瓤，切一指宽，焯水控干，再将蒜捣碎后和冬瓜一起装入瓷器，然后加入盐和熬好的醋浸泡。

清代袁枚在谈到食材的搭配时曾说："可荤可素者，蘑菇、鲜笋、冬瓜是也。"在他眼中，冬瓜和荤菜素菜都可以搭配。他还说，在清代，"冬瓜之用最多，拌燕窝、鱼肉、鳗、鳝、火腿皆可"。

冬瓜搭配鳝鱼可烹制鳝丝羹。鳝鱼段煨炙后，加入鲜嫩的冬瓜、笋等，别有一番风味。冬瓜和燕窝搭配，色如美玉，口味极佳。

冬瓜既是百姓桌上的清淡时蔬，又可搭配名贵食材烹制鲜美佳馔（zhuàn）。正因为如此，几千年来冬瓜一直受到人们的喜爱和美食家的推崇。

29 一杯山药进琼糜·山药

秋夜读书每以二鼓尽为节（节选）

［宋］陆游

高梧策策传寒意，叠鼓冬冬迫睡期。

秋夜渐长饥作祟，一杯山药进琼糜(mí)。

陆游酷爱读书，常常在青灯相伴下读至深夜，听着梧桐树叶发出"哗哗"的响声，阵阵饥饿感袭来，他吃了一杯山药碎煮的羹汤，感觉滋味犹如美味琼浆一般。

山药不算什么名贵食材，但食用历史却非常久远。

山药又叫"淮山药""怀山药""薯蓣（yù）"等，因为种植地域不同，所以山药拥有了众多名称。

《山海经》记载，"景山，北望少泽，其草多薯蓣"，说明在很早之前，人们就发现且有可能已经食用这种植物的块茎了。

到了唐代，为避唐代宗李豫的名讳，薯蓣改称"薯药"。到了宋代，又因避宋英宗赵曙的名讳，薯药改称"山药"这个一直使用至今的名字。

"山有灵药，绿如仙方，削数片玉，清白花香"是宋代美食达人陈达叟对山药的赞美。

苏东坡常自创美食，他的儿子苏过似乎继承了他的这一爱好。苏过创制的一道名为"玉糁羹"的菜品，就是用山药制作的。苏轼品尝后还写诗高调赞美了其味道："香似龙涎仍酽（yàn）白，味如牛乳更全清。莫将南海金齑（jī）脍，轻比东坡玉糁羹。"

现藏于我国台北故宫博物院的《山预帖》是黄庭坚晚年的得意之作，帖中所写的"山预"就是山药。这是关于山药的国宝级记载。

陆游对于吃山药很讲究，他不仅爱吃山药，而且用山药来养生。

朱熹曾用"欲赋玉延无好语，羞论蜂蜜与羊羹"来赞美山药色

(二) 菜肴

像玉，甜如蜜，味胜羊羹。

成书于南宋理宗年间的《山家清供》，记载了山药煮熟后蘸蜂蜜或盐食用的方法。蜂蜜山药香甜软糯，至今都是非常受欢迎的甜品。

生活于明末清初的傅山创制了一款叫"头脑"的小吃，又名"八珍汤""十全大补汤"，用羊肉加山药熬制而成，至今仍是一道经典地方菜。

山药吃法可繁可简，既可药用又可食用，有很强的可塑性，因此人们在保留其经典食用方法的同时，又开发出很多新的吃法。

春秋时期，卫桓公曾经把怀地（今河南焦作，历史上归怀庆府管辖）的四大特产——薯蓣、地黄、牛膝和菊花进贡给周王室。周王室用后大悦，称赞这四样物产为"神物"。从此，这四种植物被称为"四大怀药"，成为历朝历代的贡品，一直到清代还岁岁征收。

30 金刀剖破玉无瑕·豆腐

咏豆腐诗　　［明］苏平

传得淮南术最佳，皮肤褪尽见精华。

旋转磨上流琼液，煮月铛中滚雪花。

瓦罐浸来蟾有影，**金刀剖破玉无瑕**。

个中滋味谁得知，多在僧家与道家。

二 菜肴

明代这首《咏豆腐诗》，从豆腐的起源写到制作和食用，可以说是给豆腐写了一个诗歌小传。

关于豆腐的发明者，一般认为是西汉淮南王刘安。诗中所说的"淮南术"指的就是做豆腐的技术。

相传刘安非常孝顺，他的母亲很爱吃黄豆，但因为生病嚼不动豆子，刘安就设法把黄豆磨成粉后冲入开水做成豆浆。由于豆浆的味道过于寡淡，于是刘安又在其中加入盐卤，结果豆浆竟然逐渐凝固成了块状，形成了最初的豆腐。

也有人认为，是刘安的门客中精通炼丹术的方士，在炼丹时偶然发现盐卤和豆浆混合后凝固的现象，并加以利用，才发明了豆腐。

不管当时的过程是怎样的，在我国的历史记载中，普遍认可豆腐的发明源于淮南王刘安。

由于豆腐口感好，又是素食，所以长期被佛教僧人、道教道士广泛食用，后来才渐渐成为普通百姓和达官显贵餐桌上的美食。

北宋时，人们将豆腐称为"小宰羊"。因其物美价廉，味道清淡中带着微微的苦涩，很多高官为了塑造自己清正廉洁、不贪名利的形象，就放弃大鱼大肉，改吃豆腐。

明代时，人们制作豆腐的材料不再局限于黄豆。李时珍在《本草纲目》中记载："凡黑豆、黄豆及白豆、泥豆、豌豆、绿豆之类，皆可为之。水浸，硙（wèi）碎。滤去渣，煎成。以盐卤汁或山矾叶或酸浆醋淀，就釜收之。"看来，当时豆腐的品种，比现在的要丰富很多呀！

藏在古诗词里的中华文明
传统美食

明太祖朱元璋早年曾做过僧人，一生钟爱豆腐。据传，他在落难时，曾被一顿用白菜和豆腐等做的"珍珠翡翠白玉汤"救了一命。当了皇帝后，朱元璋坚持每顿都吃豆腐，还要求皇子皇孙都坚持吃豆腐，宫中大小宴席也必须有豆腐做的菜，以警醒他的子孙和大臣们不要过于奢靡。

人称"刘豆腐"的明朝大儒刘宗周酷爱食豆腐。他一度身居高位，但始终坚持用青菜和豆腐磨炼自己的意志。这已经不是对于食物的执着了，而是一种自修和自律。

到了清代，豆腐仍然被视为清廉的象征，受到高官和文人雅士的推崇。诗人胡济苍曾经吟咏道："信知磨砺出精神，宵旰（gàn）勤劳泄我真。最是清廉方正客，一生知己属贫人。"在他的笔下，豆腐从磨砺中来，经过匠人起早贪黑的一番苦劳和一系列繁复的制作过程才做出来，口感清淡、形状方正，就像一个淡泊名利而刚正不阿的人。这是他对豆腐所蕴含的人文精神的高度概括。

豆腐最初不过是人们无意间发明的，现在却因其丰富的营养价值和备受喜爱的口味，成为百姓餐桌上的"常客"。以豆腐为主要材料做成的南北佳肴，更是数不胜数，真是方寸之间容万般滋味。

三 糕点

在古代，糕点作为节日庆典、亲友聚会的重要食品，被赋予吉祥、团圆等美好的寓意。文人用生花妙笔将糕点的口感、气味和造型描写得淋漓尽致，让我们仿佛能够看到那别致的造型，闻到那香甜的气息，品尝到那柔软、细腻的口感。

31 五色新丝缠角粽·粽子

渔家傲　　［宋］欧阳修

五月榴花妖艳烘，绿杨带雨垂垂重。五色新丝缠角粽，金盘送，生绡(xiāo)画扇盘双凤。　　正是浴兰时节动，菖蒲酒美清樽共。叶里黄鹂时一弄，犹䑛(měng)忪(sōng)，等闲惊破纱窗梦。

糕 点

　　这年端午节，欧阳修的好友邀请欧阳修做客，欧阳修即席作了这首词。词的上片描写端午节的风俗，还有榴花、杨柳、角粽等端午节的标志性物品，营造了喜悦的节日气氛；下片描写人们在端午节沐浴、饮酒欢聚的场景。

　　端午节吃粽子现在是我国南北各地统一的习俗。人们普遍认为，端午节吃粽子的传统是为了纪念屈原。其实，这个说法并不准确，因为端午节吃粽子最早的记载是在晋代，"仲夏端午，烹鹜（wù）角黍"，而关于端午节吃粽子是为了纪念屈原的记载却晚得多。

　　粽子的前身是"角黍"，而角黍在春秋时期就已出现。据东汉的《风俗通义》记载，角黍的做法是将黍米浸泡后，用菰叶或茭白叶包裹成牛角状，扎紧放入水中煮熟，所以叫作"角黍"。浸泡黍米

的水是掺了草木灰的，很多地方现在还保留着这种做法。

那时候的人们不仅端午节吃粽子，在夏至和清明节也都有吃粽子的习俗。所以，端午节吃粽子是为了纪念屈原一说，是不准确的。

直到粽子成了端午节的代表性食物后，端午节吃粽子是为了纪念屈原的说法才开始民间开始流行，并逐渐被人们普遍接受。

随着时代的发展，粽子里包入的食材也越来越多，糯米渐渐成了南方粽子的主料。粽子的品种、口味增多了，人们难免会互相赠送、分享，所以端午节互赠粽子的习俗也就在某些地区慢慢形成了。

唐朝时期，粽子的种类和口味空前丰富。据记载，当时有一种粽子用糯米裹着红花香料做成。人们还发明了一种新的吃法：把粽子中的米团切片装盘，淋上蜂蜜后再食用。原来，吃粽子也可以有仪式感。

由于大唐强盛的国力，粽子也迈出国门，走向世界，日本的历史文献中就提到大唐的粽子美味无比。

宋代人爱美食，果脯蜜饯等零食品类繁多，他们将果脯蜜饯包进粽子做成蜜饯粽。此外，红枣、胡桃、杨梅等，也都是粽子的常见馅料。苏东坡就曾在诗中写过"时

糕 点

于粽里见杨梅"。

此时的粽子形状也变得多样起来，出现了三角形、四角锥形、枕头形、小宝塔形、圆棒形等。有人甚至异想天开，竟用粽子堆成亭台楼阁的造型。

到了元明时期，豆沙粽和猪肉粽备受推崇，包裹粽子的叶子也从菰叶变成箬叶和芦苇叶。

清人喜欢吃火腿，粽子爱好者就研制出了著名的火腿粽子。此时，参加科举考试的秀才在赴考场前，要吃家中特意给他们包的笔粽。这种粽子样子细长，很像毛笔，谐音"必中"，为的是讨个口彩。

现在，粽子爱好者们制作出各种稀奇古怪的粽子，粽子的馅料也是五花八门，如冰皮粽子、巧克力馅粽子等。虽说粽子的种类不断地推陈出新，但人们过端午吃粽子的传统和情怀传承至今。

32 蓼茸蒿笋试春盘·春盘

浣溪沙　[宋]苏轼

元丰七年十二月二十四日,从泗州刘倩叔游南山。

细雨斜风作晓寒,淡烟疏柳媚晴滩。入淮清洛渐漫漫。　雪沫乳花浮午盏,**蓼(liǎo)茸蒿笋试春盘**。人间有味是清欢。

（三）糕点

苏轼离开黄州赴汝州（今河南汝州），边走边游，心情大好。他到江西畅游庐山后，又去看望弟弟苏辙，随后又到金陵（今江苏南京）和王安石酬唱累日，并与之约定买田江干，相偕归隐。

这年岁暮，苏轼来到泗州（今江苏盱眙东北，一说为今安徽泗县）后，向朝廷上书，请求辞官回宜兴修养。逗留泗州期间，他与好友刘倩叔同游南山，过后就写了这首词。词的上片写早晨游山时的沿途景观；下片写作者与同游者饮清茶、食野味，享受清欢之乐。

词中提到的"春盘"是一种年节食俗。这种食俗始于晋代，最初叫"五辛盘"，在立春那一天食用。《岁时广记》解释说，"五辛"就是盛有大葱、大蒜、韭、芸薹（tái）、胡荽五种辛味的蔬菜。

五辛盘演变为春盘后，便不再以辛辣口味的食物为主，而是用春天的时鲜蔬菜摆盘。唐宋时，吃春盘之风日盛，在除夕或立春时节都有吃春盘的习俗。人们将春季可寻的各种蔬菜汇集于一盘，春盘中的蔬菜一般都是生吃，故称"生蔬"。

人们还会把做好的春盘赠送给亲朋好友。唐代的《四时宝镜》记载："立春日食萝菔（萝卜）、春饼、生菜，号春盘。"从这里可以发现，此时人们已经开始用春饼卷裹各种蔬菜食用，类似于现在北方有些地方立春吃的春饼。

关于春盘的诗词有很多。安史之乱后，杜甫困居夔（kuí）州（今重庆奉节），立春日他面对青翠欲滴的春盘，不禁感慨："春日春盘细生菜，忽忆两京梅发时。"苏轼诗作中更是有"青蒿黄韭试春盘""喜见春盘得蓼芽"等诗句。

唐宋时期还有一种春盘，一般由心灵手巧的女孩子用绫罗剪制出各种生动鲜艳的花卉，缀接到假花枝上，插在盘中做装饰，制造出满盘春色的效果。这样的春盘一般是宴席上的装饰，供观赏用。

元代《居家必用事类全集》中有了将春饼卷裹馅料油炸后食用的记载。到了清代，出现了"春卷"的叫法。此后，春卷渐渐取代春盘，成了立春的节令食物。

33 春盘先劝胶牙饧·胶牙饧

岁日家宴戏示弟侄等，兼呈张侍御二十八丈、殷判官二十三兄

［唐］白居易

弟妹妻孥(nú)小侄甥，娇痴弄我助欢情。

岁盏后推蓝尾酒，**春盘先劝胶牙饧(xíng)**。

形骸潦倒虽堪叹，骨肉团圆亦可荣。

犹有夸张少年处，笑呼张丈唤殷兄。

藏在古诗词里的中华文明
传统美食

你一定很好奇，古代人过年都吃什么。白居易的这首诗描绘的就是人们过年吃团圆饭的情景，其中提到了蓝尾酒、春盘，还有胶牙饧。

胶牙饧又叫"花饧"，是以糯米和小麦为原料制作的半固态麦芽糖，颜色焦黄，气味芳香，口感香糯微甜，吃起来有些黏牙，类似于现在的饴糖。

唐朝就已经有守岁的习俗了，为了驱走长夜的寒意，人们会喝花椒酒和用中草药制作而成的屠苏酒。喝酒时，人们按年龄从小到大的排序逐一饮酒，到最后一位年长者时，要连饮三杯，俗称"蓝尾"。

唐代人过年时必吃的甜食就是胶牙饧。"胶牙"在这里可不是粘牙的意思，而是让牙齿变得牢固。据说，吃了胶牙饧，可以让牙齿变得坚固。

那时，甘蔗制糖法刚从国外传入不久，还没有普及，所以这胶牙饧在当时是很好的甜食了。

白居易牙齿不好，诗中家人劝他先吃胶牙饧，大概就是希望他牙齿坚固，能吃能喝，健康长寿。

北宋延续了除夕吃胶牙饧的习俗。到了南宋，随着制糖技术的提高，胶牙饧慢慢退出了除夕食品的行列，成了小年夜祭灶的供品。

114

(三) 糕 点

相传每年农历年末，灶神要上天奏报人间善恶之事，故民间有送灶的习俗。因为胶牙饧黏牙，所以人们认为可以用它粘住灶神的嘴，让他不说人们的坏话。宋代方回在《十二月大暖雨二十四昼夜二十五日始雪》中写道："夜来闻祭灶，犹卖胶牙饧。雪欲为南瑞，风才作北声。"这首诗就很好地佐证了这一传统习俗。

除了胶牙饧，人们在祭灶时还会备上蔬食、豆子等。在这一天，街上到处都是叫卖五色米食、花果、胶牙饧的商贩。

这个习俗延续了下来，胶牙饧渐渐有了"灶饧""灶糖"或"糖元宝"等名字。直到现在，我国很多地方还有农历腊月二十三或者二十四祭灶的习俗，一般用的都是麦芽糖做的糖瓜或者芝麻糖。

34 昨日酪将熟 · 乳酪

并日得朱表臣酪及樱桃　　［宋］梅尧臣

昨日<ruby>酪<rt>lào</rt></ruby>将熟，今朝樱可餐。

紫莼休定价，黄鸟未新残。

甘滑已相美，齿牙仍尚完。

应知消客热，远赠盎盈盘。

糕 点

好友赠送了美味的乳酪和新鲜的樱桃,梅尧臣热情地写下这首诗回应,来表达自己对好友的谢意。

现在的奶酪常与西餐相佐,于是很多人以为奶酪是近代从西方传过来的。其实不然,在中餐的饮食文化中,很早就有奶酪的身影了。

早在先秦时期,《礼记·礼运》中就记录了用动物乳汁来制作奶酪的技艺。

魏晋南北朝时期,乳制品在我国北方十分流行。"食肉饮酪"一直是我国北方少数民族的饮食习俗,游牧民族常常将鲜奶加工成奶酪来储藏和食用。

随着历史的发展,大量游牧民族涌入中原地区,南北饮食交融,奶酪渐渐成了南北方都喜欢的美食。《世说新语》中记载,司马炎的女婿王武子曾指着羊酪问江东名门望族出身的陆机:"你们江东有这样的美食吗?"可见在当时的上层社会,奶酪非常受欢迎。

当时,人们普遍认为奶酪有滋补身体的作用。西晋时期尚书令荀勖(xù)身体不太好,皇帝就曾赏赐奶酪,让他补养身体。

奶酪传至中原地区后,人们在原有的基础上对其制作工艺进行了改进,使之更符合汉族人的口味。《齐民要术·养羊》篇后专门附有"酪酥、干酪法"的内容，对当时的奶酪生产加工技术做了系统的介绍。

奶酪因此很快深入人们的生活，以奶酪为原料的食品在这一时期越来越多。唐代的敦煌莫高窟壁画中就描绘了制作酥酪的场景。

宋元时期，奶类食品包括奶酪已经是人们生活中常见的美食。北宋时期，东京汴梁（今河南开封）有一家著名的奶酪店铺叫"乳酪张家"，其制作的乳酪特别受欢迎。

明代文学家张岱曾在散文《乳酪》中记录了奶酪的制作过程和一系列烹饪方法，如怎样做奶豆腐、奶皮、蒸热、油煎，等等。他还记录了当时苏州的著名美食家过小拙制作奶酪食品的过程：乳酪中加入蔗浆霜，经熬煮、过滤、穿孔、拾取、印花纹等过程，最后制成带骨鲍螺。在当时，这可以算得上人间美味了。

明清之后，粮食的种植范围不断扩大，游牧民族退至漠北、西北和西南，中原地区食用奶制品包括奶酪的习俗也随之淡化，奶酪渐渐成了宫廷专享的奢侈品。

即便如此，我们依然可以在民间寻觅到奶酪的踪迹，其制作和食用的习俗一直传承至今。

35 果若飘来天际香·桂花

咏桂花 〔宋〕吕声之

独占三秋压众芳,何夸橘绿与橙黄。

自从分下月中种,**果若飘来天际香**。

清影不嫌秋露白,新丛偏带晚烟苍。

高枝已折郄生手,万斛(hú)奇芬贮(zhù)锦囊。

这首《咏桂花》生动描绘了宋代采摘、收藏桂花的场景。桂花香甜怡人，适合用来做食物。

中国人爱花惜花，花开可赏，花落可食，不会有丝毫浪费。人们发明了各种各样的花馔，以花入食，让人赏心悦目、齿颊留香。

楚地盛产桂花。先秦时期，楚人就有用桂花酿酒以祭祀东皇太一的习俗。屈原在《九歌·东皇太一》中就有"蕙肴蒸兮兰藉，奠桂酒兮椒浆"的文字记录。

两汉时期，桂花酒大受追捧。汉朝人认为桂为百药之长，所以饮用桂花酒能达到"饮之寿千岁"的功效。此时，仍有用桂花酒祭祀的习俗。祭祀完神明之后，晚辈会向长辈敬桂花酒，祝福长辈延年益寿。

到了唐朝，崇花之风日盛。唐朝人最爱的是牡丹花，其次便是桂花。唐朝诗人宋之问曾说："桂子月中落，天香云外飘。"盛放的桂花香气扑鼻，仿佛从天上而来。

唐朝人在吃食上追求高洁清雅，在菜肴中加入花卉，仿佛人也变得风雅起来。"桂花鲜栗羹"是当时杭州的传统名菜，特别受欢迎。

宋代用桂花做的美食也有很多。"广寒糕"指的就是桂花糕，每当科举之年，应试者的家属及亲友便会"采桂英，去青蒂，洒以甘草水，和米舂粉，炊作糕"，相互赠送，取"广寒高中"之意，寓意"蟾宫折桂步步高"。

除了食用，桂花也常常用来做饮品。宋代著名的"天香汤"便

（三）糕 点

是用桂花制成：在桂花盛开时，用杖把桂花打落收集起来；去掉花蒂捣成泥，加入甘草、盐梅，捣碎后放入密封的容器，暴晒七日；饮用时，用沸水冲泡。据说，若是经常喝天香汤，身体就会散发出香气。

元朝时，人们喜欢用桂花来熏制花茶，那时的杭州盛产各类花茶。与其他花相比，桂花性味温和，具有滋养肝血的食疗作用，所以最适宜女性服用。桂花香味浓郁，和茶香结合，令人心旷神怡，烦恼皆消。

最上品的桂花是金桂。金桂的香气持久，用来做糕点甜食最好不过。中秋前后正值桂花盛放，家家户户采摘桂花，满城都是桂花的香气。这香气随着用桂花制作的美食飘至各地，从古代飘到了今天。

36 孤灯犹唤卖汤元·汤圆

诗曰　[宋]姜夔(kuí)

元宵争看采莲船，宝马香车拾坠钿(diàn)。

风雨夜深人散尽，**孤灯犹唤卖汤元。**

三 糕　点

南宋著名文学家姜夔才华横溢，曾受到杨万里、范成大、辛弃疾等人的赏识，但他科考失利，终生都没能做官。这首诗的前两句写元宵节的热闹气氛，后两句写灯火阑珊人散尽、风雨来急的情景。夜深人散尽，孤灯下叫卖"汤元"的凄凉画面，正表现了诗人失意的心境。

在宋代，最热闹的节日其实不是春节，而是元宵节。元宵节大约在汉代出现，又被称为"上元节"或"灯节"。唐宋以后，随着城市生活的发展，元宵节变得越来越重要、热闹。

元宵节放灯的习俗流传至今。唐代放灯的时间为三天（从正月十四到正月十六）；北宋建立后，宋太祖于乾德五年（967年）正月下诏，将元宵放灯时间延长至五天；南宋淳祐年间，又增为六夜，从正月十三日就开始放灯。

诗中的"汤元"是现在元宵节的传统食品元宵和汤圆的前身。

唐、五代时，民间就有元宵节吃"面茧""圆不落角"的习俗；到了宋代，逐渐形成了元宵节吃汤圆的习俗。现在汤圆的做法跟那时候大致相同，不过那时候汤圆还没有统一的名称，常被称作"汤元""元宵""水圆""圆子""汤团""浮元子""元子""酥糖元子""元宝等。

因为汤圆是元宵节必吃的食物，后来人们干脆称之为"元宵"。

此后，元宵的称呼就用得比较多了。辛亥革命后，袁世凯窃取了大总统的职位。由于元宵音同"袁消"，袁世凯在1913年元宵节前，下令将"元宵"改为"汤圆"。

后来，"汤圆"的叫法在南方占了主流，"元宵"的叫法在北方占了主流，而且做法也渐渐有了区别。

汤圆是将米粉加水，和成面团，包馅而成的；元宵则是把馅料分成小块，在米粉中来回滚动做成的。

汤圆内馅，甜、咸、荤、素皆有。除了传统馅料，咸馅一般有鲜肉丁、虾米、蔬菜，还会加入葱、蒜、韭、姜等调味；元宵内馅则大多是甜口的，如豆沙、黑芝麻、枣泥、果仁等。

每年的元宵节，北方人滚元宵，南方人包汤圆，吃完传统美食，再去逛逛灯会、猜猜灯谜，好不热闹。

近年来，市面上出现了草莓、杧（máng）果、榴梿、鲜花、巧克力等各种新潮口味的汤圆和元宵，有些商家还推出了低糖、木糖醇汤圆和不需要煮的冷藏水果元宵等。

元宵节吃元宵或汤圆的习俗一直没变。它们圆圆的外形和美味的馅料，寓意着全家人团圆和美、和睦幸福，寄托着人们对未来生活的美好愿望。

37 堆盘春饼衬年糕·年糕

山村杂咏（其二） ［清］洪亮吉

猪栏鸭栅护偏牢，柴积先逾屋脊高。
一事转惊除夕近，**堆盘春饼衬年糕**。

清代洪亮吉的这首《山村杂咏》描绘了村居生活的忙碌和充实，同时也描绘了清代除夕吃春饼和年糕的习俗。

年糕类食品早已有之。春秋时期《周礼》中记载的"糗（qiǔ）饵粉餈（cí）"就是一种用米或者米粉做成的糕。北魏的《齐民要术》中详细记载了年糕的做法：将稻米磨成粉，和成面团，加枣子、栗子，再用箬竹叶包裹蒸食。

如今，有些地方人们吃的年糕，应源自西汉中后期的米糕。当时人们一般称这类食物为"稻饼"或者"糍"，做法是把煮熟的米饭趁热舂块，再切成小块。

这种制作方法跟现在的年糕基本相同，只是现在的年糕用的是有黏性的黍米和糯米。

西汉扬雄的《方言》一书中出现了"糕"这一名称。但因"糕"是方言俗语，难登大雅之堂，所以古代经书典籍中没有"糕"字，"糕"这种叫法也就没有普及开来。

被称为"诗豪"的唐代诗人刘禹锡，在一次重阳节宴饮时，为重阳节令食物赋诗，他犹豫再三，还是没有把"糕"字写进诗里，因此受到嘲笑。北宋文学家宋祁曾在《九日食糕》中写道："刘郎不敢题糕字，虚负诗家一世豪。"

唐宋时期，糕的制作工艺已经非常成熟，北方流行各式各样的花糕，做糕的原料是黍米和黍米粉；南方糕的品种更多，使用的是糯米和糯米粉。

糕又黏又甜，被百姓形象地叫作"粘粘糕"。由于常用作喜庆

三 糕 点

丰收的祭祀品,明朝以后,"年年糕"这个名字逐渐取代"粘粘糕",谐音为"年年高",年糕因此逐渐成为新年必备的食物。新岁将至,家家户户舂年糕,有巨大的方头糕,也有元宝形的糕元宝,还有长条形的条头糕。

除了自家人吃的年糕,有些地方的大户人家还会专门为来讨饭的乞丐做"富贵年糕"。这种年糕的制作方法是,往米团中掺入红糖,蒸熟后用模具压制成型,再点上红墨。蒸糕师傅每点一块糕,嘴里都要念一声"大吉大利"。

明清时期,年糕已经逐渐市场化,不但在过年期间有售卖的,平常也有。

据《清嘉录》记载,当时的人们过年要准备黄、白年糕,用于在大年夜祭祀神灵祖先、馈赠亲朋。可见,从古至今,年糕一直是年节必备食物,人们至今仍保留着过年做年糕以及用年糕祭祀、馈赠的习俗。

38 小饼如嚼月·月饼

留别廉守 ［宋］苏轼

编^{huán}萑以苴^{jū}猪，瑾涂以涂之。

小饼如嚼月，中有酥与饴。

悬知合浦人，长诵东坡诗。

好在真一酒，为我醉宗资。

（三）糕 点

北宋元符三年（1100年），宋徽宗登基，大赦天下。被贬后一直谪居海南的苏东坡，内迁为廉州安置，不久后再获赦免，允准北还回京。到达廉州后，苏东坡心境极佳，与新朋故旧吟诗填词、写字作画。中秋节后，苏东坡在南流江畔告别廉州太守张左藏等人，继续北还。这首诗就是他在离开廉州前作的。

这首诗中提到的宋代中秋节的美食"小饼"，是我们现在吃的月饼的前身。

饼的食用历史悠久。早在商周时期，江浙一带就有一种纪念太师闻仲的"太师饼"。

汉代，芝麻、胡桃等从西域传入，使得制作饼的馅料更加丰富，还出现了用胡桃仁做馅料的圆形饼，也就是胡饼。

唐代吃饼之风达到鼎盛，中秋节吃饼的记载最早见于此时。

传统美食

宋朝的中秋节格外隆重，中秋节吃饼的习俗基本形成。北宋皇家中秋节喜欢吃宫饼，民间俗称"月团小饼"。

南宋时期出现了"月饼"这一名称。但在此时，月饼一年四季都可以买到，与中秋节无关，并不是中秋节专属的食物。

月饼真正成为中秋节的专属食品，始于明朝。据说元朝末年，中原人民发起反抗元朝暴政的起义，他们事先将藏有"八月十五夜起义"的纸条藏入月饼中，传送到各地，到起义那天，人们群起响应。朱元璋建立明朝后，为了纪念当时起事，就将月饼作为中秋节令糕点赏赐给群臣，由此开启了民间中秋节食月饼的习俗。

明代，月饼作为中秋应节之食物在民间逐渐流传，留下了很多关于月饼的记载。同时，心灵手巧的饼师开始把和月亮有关的神话故事，如"嫦娥奔月"等，制作成模具，印在月饼上。中秋节也渐渐被称为团圆节，这让圆如满月的月饼具有了象征团圆的意义。

到了明末，月饼开始成为"中秋节官方指定用饼"，由街头巷尾的小吃变为节日专供。

糕 点

清代，月饼的制作工艺有了较大提高，品种也不断增加。中秋节吃月饼、亲友间互相赠送月饼成了当时十分普遍的习俗。

在民间，当时形成了以京、苏、广、潮等地区风味为代表的特色月饼品种，这些月饼和现在吃的月饼口味几乎一致。宫廷里的月饼种类更多，有奶酥皮、油酥皮和香酥皮等外皮，有糖、枣、蜜饯果脯、芝麻椒盐等馅料。

据说，慈禧太后特别喜欢"翻毛月饼"。这种月饼的外皮非常细密轻薄，轻轻一咬就会一片片飞落下来，就像翻飞的羽毛一般，所以叫"翻毛月饼"。

袁枚在《随园食单》中记录了民间"刘方伯月饼"的做法："用山东飞面作酥为皮，中用松仁、核桃仁、瓜子仁为细末，微加冰糖和猪油作馅，食之不觉甚甜，而香松柔腻，迥（jiǒng）异寻常。"一看这馅料，这就是我们熟悉的五仁月饼啊！

到了近现代，月饼的制作日益精致，品种更加多样。京式、广式、苏式、台式、滇式、港式以及潮式月饼，各个地域的月饼口味和花样各有特色，外皮各有不同，馅料更是五花八门、丰富多彩。

39 因感秋英、饷我菊花糕·重阳糕

南歌子·谢送菊花糕　　［宋］王迈

家里逢重九，新篘(chōu)熟浊醪(láo)。弟兄乘兴共登高。右手茱杯、左手笑持螯。　　官里逢重九，归心切大刀。美人痛饮读离骚。因感秋英、饷(xiǎng)我菊花糕。

三 糕 点

重阳节是我国的传统节日之一。重阳节的传统习俗有登高、赏菊、插茱萸以及饮茱萸酒、菊花酒等。当然，还少不了吃重阳糕。

这首词生动、详细地记述了宋代过重阳节的种种习俗，描写了在家过重阳节和在官府里过重阳节的不同情境，对比之下，更突出了词人的思乡心切。

词中出现的"菊花糕"是以菊花为辅料做的重阳糕。重阳节食糕的习俗历史久远，根据汉代刘歆（xīn）的《西京杂记》记载，当时就有九月九日吃糕的习俗了，目的是辟邪。

重阳糕种类繁多，除了菊花糕，还有麻葛糕、米锦糕等，多是用蔬果花卉和米制成的。女皇武则天就曾命宫女们采集各种花朵，加入米一起捣碎，蒸制出芬芳香甜的花糕，赏赐给群臣。

吃菊花糕在唐代就是重阳节的重要习俗了。《文昌杂录》中说："唐岁时节物，九月九日则有茱萸酒、菊花糕。"

唐代文学家韦绚在《刘宾客嘉话录》中记载了一则故事，也印证了重阳节吃糕的习俗。当时给事中袁高的儿子袁师德，在重阳节拿出糕来对身边的人说："我不忍心吃，你们大家吃吧！"因为他父亲的名字里有个"高"字，与"糕"同音，所以袁师德才不吃重阳糕。

在宋代，同样是因为"糕"与"高"同音，人们认为糕寓意着"步步高升"。因此，人们对糕点越来越青睐，重阳节吃糕的目的由辟邪渐渐变成了讨彩头，因此吃重阳糕的风俗更盛。宋代人热衷于尝鲜，所以重阳糕花样繁多。当时有一种重阳糕，以米糕打底，糕中有馅，糕的顶层铺上各种辅料，果类、肉类统统可见。糕点上还会插上小彩旗，以增添喜庆的色彩。节日当天，大人们会将一片重阳糕连同一枚柿子贴在孩子头上，让孩子用手掰着吃，叫作"掰柿糕"，谐音"百事高"。

在大型的重阳糕上，宋人还会捏一些动物造型：小鹿造型的重阳糕叫"食鹿糕"，寓意"食禄"；大象造型的重阳糕叫"万象糕"，寓意"万象高"。

由于辅料越来越多，重阳糕的色彩也越来越艳丽，于是慢慢有了新的名字——"花糕"。

明清时，重阳糕的制作方法在宋代的基础上变得更加精细。不同地区的人们按照当地的风俗习惯，制作出各具特色的重阳糕。

如今，香甜软糯的重阳糕依旧是人们在重阳佳节里最喜爱的食物，虽然做法不尽相同，用的材料也不一样，但人们对历史的传承和对未来的美好期盼是相同的。

饮品

从流传千古的诗词中，我们不难发现许多古人喜爱的饮品：芳香浓烈的酒、韵味悠长的茶、口感丰富的饮子、沁人心脾的乌梅汤……这些各具特点的饮品不仅丰富了古诗词的内涵，还展现了古代多姿多彩的饮品文化。

40 绿蚁新醅酒·酒

问刘十九　　［唐］白居易

绿蚁新醅(pēi)酒，红泥小火炉。

晚来天欲雪，能饮一杯无。

四 饮 品

在这首诗中，诗人在一个风雪将至的傍晚邀请朋友前来喝酒，共叙衷肠。绿色的酒渣浮在新酿的米酒上，红泥做的小火炉炭火烧得正旺。夜色降临，天要下雪，咱们围着火炉喝上一杯，好吗？诗句平白如话，把诗人希望和友人把酒共饮的心情，淋漓尽致地表现了出来。

"绿蚁"是指新酿的米酒上的浮渣。由于还未经过滤，酒面上浮着绿色的酒渣，细小如蚁。"醅"是指未过滤的酒。是不是很奇怪，那时候的酒怎么和现在的不一样呢？有种观点认为，这是因为那时的酿酒工艺还不够成熟，没有蒸馏提纯等技术。

我国酿酒历史悠久，有着丰富的文化积淀。

早在夏朝，我国就酿造出较高品质的酒了。商朝时，随着农业的发展，谷物品种和种植面积大大增加，以粮食为原料的酿酒行业也越来越繁荣。西周时期，酿酒和用酒方面都有了比较严格的管理体制。周王朝已经依据酒体形态、酒液颜色、酝酿时间和酒事用途等，划分出若干酒类。春秋战国时期，饮酒在人们的日常生活中变得越来越普遍，酒肆开始兴起。秦汉时期，酒类产品进入社会的方方面面，饮酒成为人们生活中的一项重要活动。

汉代的酿酒业分为官营和私营两种。官营酿酒部门由官府控制，酿出的酒主要供给皇室以及朝廷官府；私营酿酒则是自酿自销，广泛分布在民间。

魏晋时期，饮酒成为一种风尚，"豪饮"成为风流倜傥、豪放不羁的代名词。这恐怕在古往今来的任何一个时代都是罕见的。不过，那时候的酒，酒精度通常不是很高，但也有少数酒匠酿造出了酒精度较高的酒，据说喝了以后会醉得一个月醒不过来。

此时，人们已经把谷物分成食用谷物和酿酒用谷物，并且开始根据需要、按照比例有计划地进行耕种。其中，酿酒一般选用黏性较大、出酒率较高的糯米为原料。

唐代时，酒大致有米酒、果酒、配制酒三类。由于酿酒的标准不统一，发酵酒呈现出不平衡的酿造趋势，所以出现了五花八门的颜色。这就是诗中新醅的酒是绿色的原因。

宋朝酿酒技术普遍提高，酒的纯度也大大提高。朝廷把酒设为专卖物品，由酒务统一管理酒的酿造和销售。这个制度直接导致酒价提升，喝不起酒的老百姓只能自己在家酿酒，所以宋代大多数人仍然在酿制和饮用古老的白酒浊醪（láo）。

与现代的白酒不同，浊醪酒液浑浊，味道较甜，酒精度数比较低，和现在的啤酒相似。《水浒传》中，武松在景阳冈喝的，可能就是这种酒。

元朝最出名的酒有两种，一种是"葡萄美酒"，另一种是"烧酒"。官方还为葡萄酒的酿制制定了标准。

明清时期，中国酒类品种已经全部定型，发酵酒、蒸馏酒的品质和纯度得到了极大的提升，基本接近我们现在看到的酒。

41 葡萄美酒夜光杯·葡萄酒

凉州词　　［唐］王翰

葡萄美酒夜光杯，欲饮琵琶马上催。
醉卧沙场君莫笑，古来征战几人回？

传统美食

这首《凉州词》被誉为边塞诗的代表，悲壮中不乏豪迈之情。诗的第一、二句写葡萄酿造的美酒盛在晶莹剔透的夜光杯中，正要喝的时候却听见催促上马出发的琵琶声响起。

唐代描写葡萄酒的诗词有很多，说明那时饮用葡萄酒是一种很常见的事情。

西汉时，张骞奉命出使西域，开辟了享誉古今中外的丝绸之路。途经大宛时，他看到有人饮用葡萄酿的酒，有钱人家更是藏酒万余石，便向西域求取了葡萄的果实和种子，回来后就开始培育葡萄，研究葡萄酒的酿造，让中原地区从此有了葡萄酒。《史记》记载了这一历史事件。

一开始，葡萄酒非常昂贵，简直堪比黄金。汉灵帝时，权重一时、搜刮民财的大宦官张让，位列十常侍之首。有个叫孟佗（tuó）的人仕途不通，他给张让送了一斛（hú）葡萄酒后，即得到了凉州刺史一职。

当时一斛是十斗，一斗是十升，一升约合现在的200毫升，所以当时的一斛葡萄酒相当于现在的20升。用20升葡萄酒就可以换一个凉州刺史的官职，可见葡萄酒在当时有多值钱。

高昌盛产葡萄和葡萄酒。早在南北朝时，高昌就向我国进贡葡萄。公元640年，唐太宗李世民发动了对高昌国的进攻，并很快攻占下来。李世民将高昌的土地作为西域都护府的基地，并获得了高昌国的马乳葡萄种和葡萄酒酿造法。他在皇宫御苑里种了很多葡萄，并亲自参与葡萄酒的酿制，对酿酒的方法进行了改良。葡萄酒酿成

(四) 饮 品

后，他还召集群臣共饮，一起品评。

此外，国力强盛的唐王朝作为当时的世界经济和文化中心，在首都长安和其他城市，都有来自西域的客商售卖葡萄酒。

这些都促进了葡萄酒在唐代的大流行，人们在各种场合都喜欢喝葡萄酒。王翰这首脍炙人口的《凉州词》就是佐证。

在宋代，葡萄酒依旧是常见的宴饮酒品，但到了南宋末年，由于连年战乱、民不聊生，葡萄酒酿造的方法几乎失传。

到了元代，葡萄酒再次发展起来。葡萄酒第一次上升为"国饮"，与马奶酒一同被皇室列为国事用酒。元朝皇帝还规定，在太庙祭祀先祖时必须使用葡萄酒。

由于国家政策支持和鼓励百姓种植葡萄，且当时酿葡萄酒主要使用搅拌、踩打、自然发酵等简易工艺，因此百姓大多能自己酿造葡萄酒。于是，葡萄酒在民间越来越普及，元大都的居民甚至把葡萄酒当作日常饮料和生活必需品。

明朝时期，葡萄酒的发展再次进入低谷期。明朝的顾起元就曾经在《客座赘（zhuì）语》中表示，他喝过数十种酒，连宫廷中的酒他都尝试过，就是没有喝过葡萄酒。

清朝时期，葡萄的种类逐渐增多，酿酒时有了更多的选择。由于海关开放，清朝从海外国家进口的葡萄酒多了起来，人们饮用葡萄酒的习惯也再次被培养起来。

42 从来佳茗似佳人·茶

次韵曹辅寄壑(hè)源试焙新芽 ［宋］苏轼

仙山灵草湿行云，洗遍香肌粉未匀。

明月来投玉川子，清风吹破武林春。

要知玉雪心肠好，不是膏油首面新。

戏作小诗君一笑，从来佳茗(míng)似佳人。

苏轼不仅爱美食，还爱品茶，对茶叶的品鉴很有研究。朋友曹辅寄来壑源茶，苏轼于是写了这首品鉴诗，一为答谢好友，二来表达自己品鉴茶叶的感受。由于壑源茶的口碑好、卖价高，于是就有人拿沙溪茶来冒充。当时流行一种将松花粉掺入茶叶的造假方式，诗中"膏油首面新"形容的就是沙溪茶被加工后的样子。

茶是我们祖先在漫长的历史中极为喜爱的一种健康饮料，但现代的饮茶方式却是到了明清才固定下来的。

《神农百草经》记载，"神农尝百草，日遇七十二毒，得荼而解之"。"荼"为"茶"的古字，这意味着茶在最初是做药草用的。

秦汉时期，人们将新鲜茶叶捣成饼状，晒干或者烘干；饮用时将茶饼切下一小块，捣碎后放入碗中，倒入开水，再加上一些葱姜或者其他调味品。

汉朝之后，中原对西南地区的控制加强，这也使得那里的茶叶流入中原，并在之后的几百年里逐渐成为一种单独的饮品。

魏晋南北朝时期，茶叶成为士大夫招待客人的佳品，但还是延续之前的饮用方式，以煮茶为主。在煮茶前，要先将茶叶碾成碎末，再加入油膏，制成茶膏。煮茶时，只需将茶膏捣碎，然后与茱萸、檄（xí）子等一同煎煮，即可饮用。

唐代，制茶工艺基本形成，饮茶之风开始盛行。人们将采摘下来的鲜茶制作成茶饼储存。将鲜茶制作成茶饼，不仅能使茶叶更加长久地贮存，还能让茶汤味道不再那么苦涩。

人们想要饮茶时，取出茶饼，将其在火上炙烤至红色，再放入

四
饮 品

器皿中碾碎，用沸水烧泡，然后加入葱、姜、橘等其他辅料饮用。这种方式被称为"煎茶法"。饮用时，人们将茶渣和茶汤一起喝下，谓之"吃茶"。

宋代是饮茶发展的黄金时代。当时的茶叶大致有两种，一种是供贵族喝的团茶，一种是供老百姓喝的散茶。

宋代流行点茶，民间斗茶之风盛行。点茶是将茶饼或者散茶磨成粉末放入碗中，一边往碗中注入开水，一边用工具搅拌调制茶汤。茶汤以白为美，上层的泡沫越厚越好。为了使茶末与水交融成一体，宋代人还发明了一种用细竹制作的工具——茶筅（xiǎn）。

人们在一起喝茶，经常会比赛谁做出的茶汤更好喝，这种比试的活动叫作"斗茶"。上至帝王将相、达官显贵，下到市井平民，都以点茶、斗茶为能事。

斗茶可不是随便玩玩，当时还有比拼点茶技巧和手法的各种标准呢！比起唐代，宋代点茶的工序及器具选择都更为严苛、精致。此时，中国茶文化发展到了巅峰，人们对茶叶的需求量越来越大。

明代，饮茶方式又发生了一次大的变革。朱元璋对费时费力、劳民伤财的团茶深恶痛绝，下令"废团兴散"，严厉禁止喝团茶，一律改为喝散茶。

朱元璋的十七子、宁王朱权改进了喝茶方式，将"煎茶法"和"点饮法"改为"瀹（yuè）饮法"。瀹即浸渍的意思，瀹饮法就是用开水冲泡茶叶，这和我们现代人的喝茶方式基本相同。

压制的饼茶再次出现，但饮用的方式基本以冲泡为主，不同种类的茶叶渐渐有了独特的饮用流程。

经过几千年的发展，饮茶不仅成为中国人的日常需要，而且成了的一种文化传承。

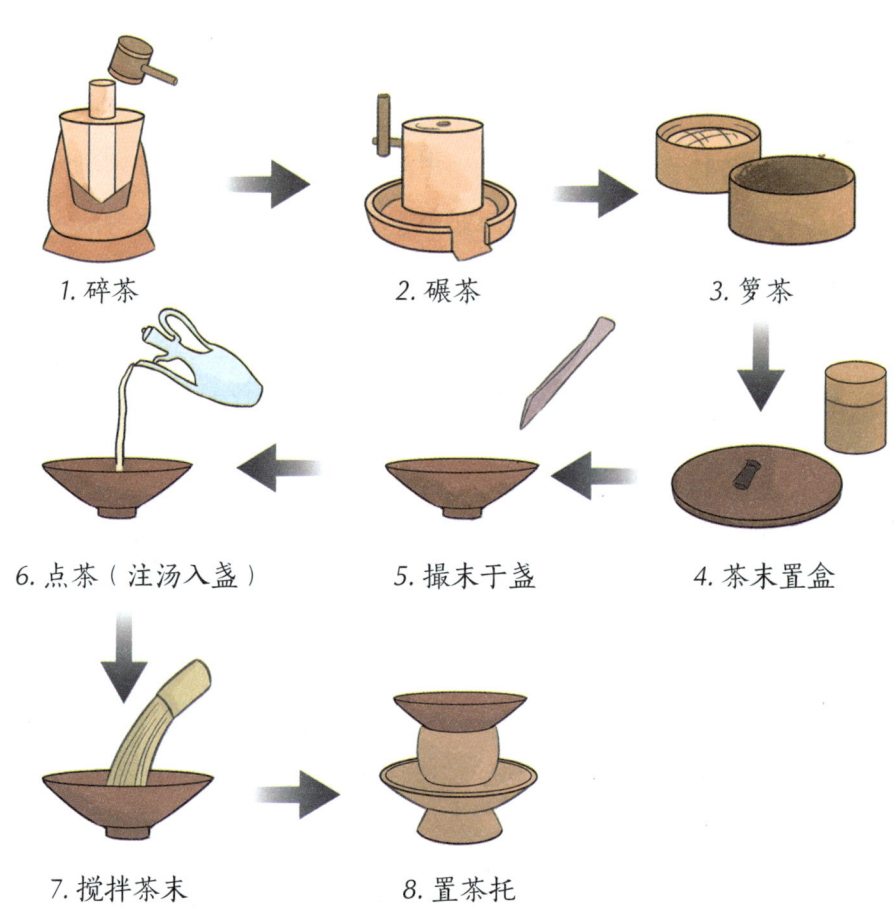

盛行于宋代的点茶，体现了中国优雅极致的美学

43 武夷仙人从古栽·武夷茶

和章岷从事斗茶歌（节选） ［宋］范仲淹

年年春自东南来，建溪先暖冰微开。

溪边奇茗冠天下，武夷仙人从古栽。

龙团凤饼模具纹样

范仲淹的这首诗盛赞了我国的一种名茶——武夷茶。"溪边奇茗冠天下，武夷仙人从古栽。"这说明，早在宋代，武夷茶就已经名声大噪了。北宋太平兴国初年（976年），专供朝廷和官员饮用的"龙团凤饼"就包括武夷奇茗。

武夷山位于我国江西与福建西北部的两省交界处，武夷茶因山得名。武夷茶大约在西汉时期开始扬名，但那时候还不叫这个名字。唐朝元和年间，孙樵在《送茶与焦刑部书》中提到的"晚甘侯"，是对武夷茶最早的文字记载。

宋代，制茶技术有了较大改革，饮茶风气盛行。这一时期的武夷茶处于兴盛时期，其中龙凤团茶尤为出名，是宋代宫廷和上层社会流行的茶品。

元大德六年（1302年），朝廷为了监制贡茶，在武夷山设置了御茶园，武夷茶从此正式成为贡茶。

明朝初期，明太祖朱元璋诏令各地"罢龙团，改制散茶"。于是，武夷茶由原来蒸青团饼茶逐渐变为晒青、蒸青散茶，后来又逐渐改为炒青绿茶。

茶农们在实践中发现，武夷茶并不适合用来生产炒青绿茶，于是在制作过程中不断地摸索和创新，在明末清初创造出了乌龙茶的制作方法。至此，武夷茶由绿茶发展为乌龙茶。现在的武夷岩茶就是武夷山上所产乌龙茶的总称。

在乌龙茶的制作方法逐渐成熟的同时，武夷山的茶农们还发明了红茶（正山小种）的制作方法，从此正山小种成为世界红茶的

四 饮 品

鼻祖。

武夷岩茶制作工艺复杂、烦琐，其独特的"岩韵"也是其他茶叶没有的，因此成了爱茶之人追求的最高品味。

清代诗人袁牧在《随园食单》中说，自己原先不喜武夷茶，后来到武夷游玩，喝到了正宗武夷茶，不禁感慨："武夷享天下盛名，真乃不忝（tiǎn）！"

武夷山的茶树历经千年选育，名枞繁多，包括大红袍、肉桂、水仙、武夷奇种、白鸡冠、乌龙等。这些名字大多来源于茶树的产地、生态、形状或色香味特征。

肉桂、水仙、大红袍是武夷岩茶的三大代表，素有"香不过肉桂，醇不过水仙，韵不过大红袍"的说法。其中，最为人们所熟知的当属素有"茶中状元"之美誉的大红袍，是中国茗苑中的明珠，有"岩茶之王"的称号。

关于大红袍这一名称的由来，一种说法是早春茶芽萌发时，从远处望去，整棵茶树艳红似火，仿佛披着红色的袍子，故名"大红袍"。

另一说法则极具传奇色彩。相传，天心庙的和尚用神茶医治好了一位进京赶考的举子，书生后来高中状元。

为感谢神茶的救命之恩，他回到武夷山，脱下身上的红袍披在神树上，"大红袍"由此而得名。

大红袍母树由岩缝中渗出的泉水滋润，不用施肥而生长茂盛。每年 5 月中旬，人们高高地架起云梯采摘茶叶。由于大红袍产量极少，被视为稀世珍宝。

从 2006 年起，大红袍母树就停止了采摘。最后一次采制的茶叶现在收藏在北京故宫博物院，已成为名副其实的国宝。

44 茶饼嚼时香透齿·香茶

春昼回文　　［五代］李涛

茶饼嚼时香透齿，水沈烧处碧凝烟。

纱窗避着犹慵起，极困新晴乍雨天。

五代诗人李涛一定是一位非常有生活情趣的人，不然也不会写出"茶饼嚼时香透齿，水沈烧处碧凝烟"这样让人齿颊生香的诗句。

李涛诗中的"香透齿"描写的是唐代的香茶饼子。在唐代的上层社会中，饮茶十分受欢迎。在士大夫们看来，茶品性高雅，是最适合提升和体现他们内在修养的饮品。他们在饮茶时还会以香炉为伴，点上好的香料，让品茶变得更加富有闲情逸致。

唐代人品茶不仅讲究搭配焚香，还喜欢在煮茶时添加一些香料，让茶香更加浓郁。李涛在诗中描写的就是这种加了香料的茶饼。

到了宋代，添加了香料的茶饼依然很流行，还出现了一种特殊的香茶——以各种香料为主，添加茶叶制成的茶饼。这种香茶，是茶又非茶，可以一茶两用，不仅可以泡水喝，还可以作为"润喉糖"，直接放入口中含嚼，用来清新口气、解腻开胃。

不过，宋代的这种香茶饼并没有成为香茶界的"顶流"，有人觉得直接把香料加入茶叶中，过于浓郁的香味会遮住茶叶的清香，让茶叶变得不那么"小清新"了。所以，就有人开始尝试着做一种既能保留茶叶清香，又有香味的茶，于是我们现在常见的花茶就出现了。

宋代的花茶是将香料、香花加茶叶熏制而成的。那时有一种百花香茶，就是把茉莉、桂花等加茶叶熏制而成的。

宋朝鉴赏家赵希鹄（hú）写过一本记载古代养生的科普读物《调燮（xiè）类编》，书中详细描述了百花香茶的熏制方法。书中记载，制作香茶的花瓣最好是半含半放的，将这样的花瓣和少量的茶叶放在一起熏制才能做成最好的香茶。因为全开的花瓣香味容易流

（四）
饮 品

失，而没有开的花瓣香气又太淡，只有半开的花瓣香气最浓郁，才适合做成香茶。

与之前的香茶饼相比，用香花熏制的香茶，既有花的芬芳，又不会喧宾夺主，掩盖住茶的清香，因此很受古人喜爱。

香茶在明代依然很流行，因为明代流行饮用散茶，所以香茶的喝法也更多了。比较常见的就是"花蕾投茶"，简单来说，就是把花和茶泡在一起直接喝。还有一种操作略微复杂的"花水点茶"。这种喝法比较高端，工序也多，需要先用鲜花熏水，再用带有花香的水泡茶，这样鲜花的香味就留在茶水中了。

古人之所以喜欢香茶，不仅是因为其味道芳香，也是因为香茶有养生的功效。香茶兼具茶香和花香，可提神、解腻，确实是饮中佳品。

45 凿来壶色彻·冰

观藏冰　　［唐］张汇

寒气方穷律，阴精正结冰。

体坚风带壮，影素月临凝。

冬赋凌人掌，春期命妇升。

凿来壶色彻，纳处镜光澄。

鲁史曾留问，豳(bīn)诗旧见称。

同观里射享，王道颂还兴。

(四) 饮　品

夏天用冰来解暑的方法很早就有了。除了唐代张汇的这首诗，我国古代很多诗歌中都有关于冬天藏冰、夏天用冰降暑的记载。同时，这首诗中还记述了藏冰的相关历史。上古时期，人们就绞尽脑汁寻觅消暑的办法。商代，生活在豳地的先民，掌握了冬季藏冰的方法。

藏冰之习俗最早形成于西周。起初冰只用于祭祀活动，所以采冰、储冰是一件关系国家社稷的大事，统治者设专门机构管理，并任命掌管冰的官员——"凌人"。每年冬天，河流湖泊结冰，凌人便组织劳力斩冰，并将冰块储藏起来，到了夏天再将冰取出使用。

用来藏冰的冰窖叫"凌阴"。冰窖挖得很深，上面覆盖着厚厚的泥土；窖口装门，门上用厚厚的稻草、棉麻织物或泥土等挡住。这样处理下来，即使到了盛夏，冰窖里的冰也不会融化。

这一时期还出现了用青铜制作的"冰箱"，名字叫"冰鉴"。冰鉴是双层的，最里面装酒或其他食物，中间装冰块。为了让冰保存得更久一些，冰鉴外层用材较厚，以达到隔温的效果。

藏在古诗词里的中华文明
传统美食

采冰、制冰、运冰、藏冰耗费人力物力，而且需要苛刻的客观条件，所以夏日之冰非常昂贵，就连皇宫中冰块的分配也都有严格的等级制度。每年三伏天，朝廷会举行颁冰仪式，把冰赏赐给各级官员，以示皇恩。

到了唐朝，藏冰活动关乎社稷民生的观念逐渐消失，冰在日常生活中的使用越来越普遍，出现了私家藏冰的冰商。他们在冬天组织工人挖冰、藏冰，等到夏天再拿出来售卖，但价格很高。据说，白居易"每需冰雪，论筐取之，不复偿价，日日如是"，真是"土豪"无疑了。这种情况到唐末完全改变了，人们发现硝石溶于水时会吸收大量热能，使水降温至结冰。这一发现让制冰成了一件非常简单的事情，冰的价格也就越来越亲民了。冰块大量生产，随即产生了滞销的问题。为了推销冰块，冰商们还会在冰里配上水果等。这一举动促进了冷饮的产生，冷饮时代正式拉开帷幕。

宋代，人们实现了"吃冰自由"。一到夏天，售卖冰镇食物和饮品的摊子比比皆是。《东京梦华录》里的"雪槛冰盘，浮瓜沉李"，描写的就是宋人使用冰鉴、冰盘避暑的场景。

到了明清时期，冰雪贸易更是繁荣，长兴、苏州等地均设有冰厂。至此，冰的生产开始规模化，冰不仅用于夏季消暑，还用在鱼虾保鲜等领域。

156

46 暖金盘里点酥山·酥山

宫词百首（其二十二） ［五代］和凝

暖金盘里点酥山，拟望君王子细看。
更向眉中分晓黛，岩边染出碧琅玕(gān)。

五代词人和凝似乎对奶油类的冷冻甜食异常感兴趣,曾多次在其作品中提到"酥山"这种流行的奶制品。他如果生活在今天,看到那么多的冰激凌店,一定会无比惊讶。

这首诗刻画了一位制作酥山的宫女,诗中不仅描述了她灵巧的动作,还写到她微妙的心态。诗中的"酥"和今天的奶油、黄油大致接近,因此酥山是冷冻后造型并染色的奶油甜点。

唐代,随着制冰业的发展,各种消夏饮品和食品也越来越丰富。酥山堪称唐代的冰激凌,在唐朝上层社会非常受欢迎。

唐代,酥的吃法多种多样,一般是直接食用,也有把酥加入茶水或者糕点中吃的,最著名的是做成夏季消暑佳品酥山。

制作酥山的主要原料是酥、蜂蜜(或蔗浆)。具体做法是:将成品的酥(奶制品)加热到融化状态,拌入蜂蜜或蔗浆调味,然后往盘子一类的器皿上滴淋,慢慢淋出山峦的造型,最后放到冰窖或者冰鉴中冷冻定型。

除了白色的酥山,唐代还出现过用贵妃红、眉黛青染出来的红色、绿色的酥山。冷冻后的酥山牢牢地黏在盘子上,层峦叠嶂的样子,异常美丽。

为了让酥山更具观赏性,唐代人通常还会在摆盘上花些小心思,如在酥山上插上人工做的彩树、红花,盘边则装饰一些鲜艳的小花等。

在唐代,能有一份酥山出现在宴会上是极其体面的事情,因此这成为当时流行的炫富手段之一。从这首诗中我们可以了解到,酥山

（四）
饮 品

是盛放在金盘中的，用黛青染色，看上去极其奢华，可以说既是一道美食，也是一件艺术品。

酥山的口感怎么样？"随玉箸而必进，非固非咨；触皓齿而便消，是津是润。"这酥山并不坚硬，筷子一夹就起；凉凉的甜酥入口即化，口感非常美妙，吃到嘴里，似有若无，冰凉可口。

唐代文人王泠然在《苏合山赋》中写道："虽珍膳芳鲜，而苏山奇绝。"意为在琳琅满目的美食珍馐中，最让人称奇叫绝的就是"苏山"，即酥山。

酥山的独特口感和外观在众多诗人的作品中都有描述。唐章怀太子墓出土了一组《托盆景侍女图》，图中一位侍女用双手捧着一只圆盘，盘中有两组近似山石造型的物品，山石上还插着花草。专家称，这盘中盛的就是酥山。

有人认为，酥山被视为后世冰激凌的雏形。但也有历史学家认为，酥山和今天的冰激凌并不一样，更像是一种冷冻的糕点。你觉得呢？

47 恩兼冰酪赐来初·冰酪

寄葛子熙杨季民　　［元］陈基

去年京国樱桃熟，公子亲沾荐庙余。

色映金盘分处近，**恩兼冰酪赐来初**。

酒酣(hān)惜与杨生别，诗罢叨从葛老书。

今日江南春雨歇，乱啼黄鸟正愁予。

(四) 饮 品

这是作者写给葛子熙、杨季民的一首表达思念的诗。诗中提到诗人收到皇帝赏赐的一种冷饮——冰酪，语气中充满了自豪和对皇恩的感激。"色映金盘分外近，恩兼冰酪赐来初"说的是冰酪盛于金盘，黄白相映，赐食的位置离皇帝很近，这真是难得的殊荣。

冰酪是宋朝人研发的一种新式冷饮，由果汁、牛奶、冰块等混合调制而成。

宋代民间私人藏冰的兴起，加上人们对美食的追求，使得当时的冷饮业发展到了一个巅峰，不仅出现了冷饮"专卖店"，还诞生了好几款流行的冷饮。在众多的冷饮甜品中，最受欢迎的就是冰酪。

诗人杨万里专门写了一首《咏冰酪》描写它的美妙："似腻还成爽，如凝又欲飘。玉来盘底碎，雪到口边消。"意思是说，冰酪看上去是腻口的，实际上入口很爽滑；看上去像凝固的，实际上吃起来却是轻软的口感。刚取出时晶莹如玉，放到盘子里不久就碎了；又好像白雪一般，到口边就融化了。

冰酪的主要食材是冰加牛奶。人们还会根据喜好加入果汁、药菊等辅料，以增加风味。南宋的《西湖老人繁胜录》中记载了一款冰酪，叫"乳糖真雪"，用牛奶、糖和刨冰制作而成，口感细腻，清甜爽口。

　　元世祖忽必烈最喜欢吃冰酪，因此将其列为宫廷消暑冷食。经过御膳房的多次改进，冰酪的味道更佳。当时，冰酪的制作方法是严格保密的，不得外泄，但是因为朝廷有御赐冰酪的传统，所以除了皇宫里的人，朝中臣子也有机会吃到这一美味。作者陈基当过经筵检讨，负责给皇帝讲经，所以有幸吃到了元朝宫廷中的消夏美食。

　　据说，马可·波罗来中国时，受元世祖赏赐，品尝到冰酪后，还在他的《东方见闻录》中写道："东方的黄金国里，居民们喜欢吃奶冰。"马可·波罗离开中国时，把冰酪的制作技术带到了意大利，并将它献给了意大利王室，冰酪从此传入欧洲。

　　自此，中国的冰酪便在意大利传播开来。意大利人对冰酪的做法加以改进，最终制作出了美味的冰激凌。

48 开心暖胃门冬饮·饮子

睡起闻米元章冒热到东园送麦门冬饮子

［宋］苏轼

一枕清风直万钱，无人肯买北窗眠。

开心暖胃门冬饮，知是东坡手自煎。

诗中的"米元章"就是宋代书法家米芾（字元章），苏轼与米芾交往密切。公元 1101 年，被贬谪海南的苏轼奉诏北归，当时在真州（今江苏仪征）做官的米芾邀请病重的苏轼居住在东园，热情接待了苏轼。有一天，苏轼睡醒后发现，米芾冒着暑热送来拣好、洗净的麦冬，感念友情真挚，写下这首诗。诗中提到了一种宋代非常流行的饮品"饮子"。

饮品在中国有非常悠久的历史。《周礼》中就有对于"浆"的记载。浆类饮品最早是由粮食等主料自然发酵而成的；加入桂花、蜂蜜，就变成了桂花浆、蜜浆；再到后来，果浆渐渐成了主角。

汉代时，人们将冰凉的井水打上来，加入蜂蜜搅拌，做成了第一款蜜水饮料。三国时期的袁术，在落难的时候想要喝一碗蜜水而不得，竟气绝身亡。

东晋时期，医药学家葛洪发明了凉茶，在夏季饮用可以起到降温解暑的效果，直到现在都是很经典的饮品。

唐朝贵族中风行一种名为"三勒浆"的饮品，由诃黎勒、毗梨勒、庵摩勒配制而成，既有酒的味道又有梨的味道，非常可口。

宋代果汁饮料深受欢迎，宋代人称之为"凉水"。以果品或草药为原料熬制而成的汤叫作"饮子"。饮子具有日常饮料和药剂的双重性质，诗中所提到的"门冬饮"就属于饮子。当时还出现了专卖饮子的行业，称为"饮子家"。

宋代冰镇饮料已经平民化。据记载，当时夏天的冷饮种类繁多，有砂糖绿豆、木瓜汁、卤梅水、红茶水、椰子酒、姜蜜水、苦

四 饮 品

水（一种加冰的茶）、紫苏饮、荔枝膏水、白醪凉水等。每到夏天，夜市的冷饮摊位异常火爆。《清明上河图》中有一处画有两把大遮阳伞，还挂着"香饮子"的小招牌，那就是一个冷饮摊子。

元代，用水果与药料或香料一起加糖熬制而成的"渴水"，从西亚传入中国。葡萄渴水是将葡萄捣碎滤去渣滓，慢火熬到浓稠合适，饮用前再酌量放入熟蜜、麝香等。这种葡萄渴水热饮或冷饮都很可口，很受欢迎。当时常见的渴水还有杨梅渴水、木瓜渴水、五味渴水等。元代宫廷最喜欢的是里木（柠檬）渴水，以至于广州的御果园里栽种了八百株柠檬树，专门用于制作宫廷中用的渴水。

明清两朝，冷饮层出不穷。清代除乌梅汤等常见饮料外，还出现了一种叫作"荷兰水"的饮料，类似于柠檬汽水。

49 玄饮乌梅汤·乌梅汤

早秋晓行入寺　　［明］袁宏道

溪深菱芡香，花落读经床。

露叶千畴拭，风梢一院凉。

白头鹫目子，**玄饮乌梅汤**。

转入村林去，瓶罍(léi)只自将。

（四）饮 品

明代诗人袁宏道的这首诗提到自己在早秋时节饮用乌梅汤。对于乌梅汤，相信大家都不陌生，每到夏天，它可是当之无愧的最佳消暑饮品。

乌梅是用梅树的果实梅子熏制而成的，因呈乌黑色而得名。乌梅是一味药食同源的食材，具有生津止渴的作用。

但你可能不知道，其实早在先秦时期就出现乌梅汤了。《周礼》是我国先秦时期的著作，其中所说的天子夏日"六饮"就包括乌梅汤。

唐代初年颜师古所著的、描述隋炀帝年间文人雅士浮华生活的笔记《大业拾遗记》里，记载了当时最高级的五种饮品："以扶芳叶为青饮，楥（yuán）楔（xì）根为赤饮，酪浆为白饮，乌梅浆为玄饮，江桂为黄饮。"其中玄饮就是乌梅做的浆。《东京梦华录》中记载的"饮食果子"条，提到了京城汴梁街头出售梅汁等夏令冷饮的情况。南宋《武林旧事》中记录的"卤梅水"，也是类似乌梅汤的饮料。

明朝的时候，乌梅汤已经非常普及了。售卖乌梅汤的小贩特别多，所以乌梅汤随时都可以买到，从王公贵族到普通百姓都非常喜欢喝。

传说，明太祖朱元璋在没做皇帝的时候曾经卖过乌梅汤，因此当时卖乌梅汤的小贩认为朱元璋是乌梅汤的发明者，并供奉其为"祖师爷"。明代小说《英烈传》中就提到朱元璋贩卖乌梅汤，他到金陵后"遍行瘟疾，乌梅汤服之即愈，因此梅子大贵，不多时都尽

藏在古诗词里的中华文明
传统美食

行发完,已获大利"。不知道后世怎么传的,竟然把朱元璋说成乌梅汤的创始人。清代,在老北京售卖乌梅汤的摊位前大多都立着一个白铜做的月牙铲,原来,这是以此向发明人致敬——月牙铲是佛门器具,朱元璋曾入佛门。满族人历来有饭后食酸解腥膻的习俗。清朝建立后,他们就开始饮用乌梅汤。清朝乾隆年间,学者郝懿行在《都门竹枝词四首·其一》里写道:"铜碗声声街里唤,一瓯(ōu)冰水和梅汤。"这说明当时冰镇乌梅汤在夏季很流行。

时至今日,乌梅汤依然是夏季消暑的必备饮品,但人们更多地称其为酸梅汤。炎炎夏日,喝上几口冰镇乌梅汤,清凉解暑,消渴除烦,还能生津开胃呢!

五 果品

  文人常常借助果品来抒发内心的情感，表达对大自然的热爱和对生活的感悟。在他们的笔下，果品形态那么美好，色泽十分动人，香气更是无比诱人。我们在品读诗词时，仿佛能够闻到那清新的果香，尝到那甘甜的滋味……

50 日啖荔枝三百颗·荔枝

惠州一绝　　［宋］苏轼

罗浮山下四时春，卢橘杨梅次第新。
日啖(dàn)荔枝三百颗，不辞长作岭南人。

五 果 品

苏轼被贬谪岭南时，第一次在惠州（今广东惠州）吃到荔枝，便深深地被荔枝的美味所惊艳。他写诗称颂荔枝为"惠州一绝"，甚至说要是能一天吃三百颗荔枝，让他一直留在这里都可以。苏轼爱吃、吃过的美食不计其数，可是瞬间就被荔枝的香甜风味所折服。

不止这首诗，他在《赠昙秀》中还写道："留师笋蕨不足道，怅望荔枝何时丹。"意思是竹笋和蕨菜根本不足以称道，我满心期待的是荔枝到底什么时候成熟啊！他还写过"愿同荔支（枝）社，长作鸡黍局"，表达了希望和荔枝为伴、相携到老的愿望。

古人很早就意识到，荔枝要带着枝叶一起采摘，否则很快就变质了。"若离本枝，一日色变，三日味变。"荔枝的别称是"离支"，意为割去枝丫。

不只是苏轼，爱吃荔枝的人太多了。可是在古代，新鲜荔枝极难保存，离产地较远的人们基本无缘吃到鲜荔枝。

唐玄宗李隆基的宠妃杨玉环爱吃荔枝。为了让她吃到新鲜美味的荔枝，唐玄宗可谓绞尽脑汁。

当时，我国盛产荔枝的有巴蜀和岭南两地，巴蜀距离长安城更近一些，于是唐玄宗就下令专门修建了从四川到长安的驿道，人们称之为"荔枝道"。他命人在涪州（今重庆涪陵）摘取荔枝，将荔枝装在冰鉴中，辅之以羊毛、布条等物品隔热，从而让冰鉴变成一个移动式冰箱，以保证荔枝到长安后还是新鲜的。唐玄宗又命人安排千里快马，约两三天就可以把荔枝从蜀中送到长安城。

为了保证荔枝的鲜美，让杨贵妃能享受荔枝的美味，真是劳民

又伤财,因此后世很多诗人写诗讽刺这件事情。

直到清代,荔枝都是皇家贡品和奢侈品,很难在民间推广。

清代的乾隆皇帝也是荔枝爱好者,这个时候的荔枝还是一如既往的珍贵。据史料记载,乾隆二十五年(1760年)六月十八日,福建巡抚吴士功走水路进贡了五十八棵荔枝树。经宫人悉心照料,树上的荔枝终于有成熟的了。经过仔细查数,五十八棵树上一共结了二百二十颗荔枝,第一批成熟的有四十颗。太监们按照规矩,把具体数目上报给乾隆皇帝。第二天,乾隆皇帝下令摘下了这四十颗。就这四十颗,当真是珍贵得不行,乾隆皇帝自己还不能独享,他认真地把这些荔枝分给后宫的皇太后、皇后和妃子、贵人,基本上每人只能分到一颗。为此,朝廷还专门造了一本册子,登记每人所得。

现在,全国各地的人们都能在当季吃到新鲜的荔枝,相比古人,今天的人们确实是太幸福了。

51 入口甘香冰玉寒·葡萄

温日观葡萄　　［元］邓文原

满筐圆实骊珠滑，入口甘香冰玉寒。

若使文园知此渴，露华应不乞金盘。

传统美食

元代诗人邓文原在这首诗中对葡萄的外形、口感和气味进行了非常生动的描绘,读完你是不是觉得葡萄瞬间变得"高大上"了呢?其实,葡萄曾经也是一种非常稀有的水果,只有王公贵族才能吃到。

我国种植的葡萄主要是从西域传过来的。张骞通西域后,汉朝使团从西域带回了葡萄种子,人们就开始研究如何种植。

由于没有任何经验,开始时葡萄产量很低,民间种植葡萄的很少。在那个食不果腹的农业时代,老百姓对粮食之外的其他作物的种植兴趣不大。葡萄不易保存,也不能当粮食吃,再加上老百姓也不会打理,所以没多少人种植。

因此,此时的葡萄一般作为皇家贡品或者观赏性植物种植,市面上基本看不见。就算农户种植的葡萄收获了,也只是自己在家享用,拿出去卖的寥寥无几。市面上偶有售卖的,价格也高得出奇。因此,当时葡萄的主要来源仍然是西域。

魏晋时期,魏文帝曹丕曾说:"南方有龙眼、荔枝,宁比西国蒲萄(葡萄)、石蜜乎?"在曹丕眼里,葡萄可是比龙眼、荔枝还要甜蜜。

到了唐代,这种情况也没有改变,葡萄仍旧非常稀有,往往有钱也吃不到。那时,高昌国一直向大唐进献葡萄。据说,有一次唐高祖李渊宴请群臣,席上陈设了葡萄果盘。宰相陈叔达看见后,用细纱包裹起葡萄,因为他母亲有口干病,想吃葡萄却一直吃不到,所以他想拿回去给老母亲吃。李渊被陈叔达的孝心感动,赐帛百匹,

五 果 品

让他"以市甘珍"。葡萄被称为"甘珍",而且要用贵重的帛来换,足见葡萄的珍贵。

这种情况到了唐太宗李世民执政时期终于有所改变。当时唐朝攻下高昌,大唐王朝在领土扩张的同时,也获得了高昌的马乳葡萄种子和葡萄酒酿造法。今天山西省的河东一代就是唐朝重要的葡萄产区和优质的葡萄酒产区。葡萄和葡萄酒从此不再那么稀罕,上层人士渐渐能吃到新鲜的葡萄、喝上葡萄酒了。

宋朝时期,葡萄和葡萄酒依然比较昂贵,是达官显贵和富商巨贾的专属。直到明代,葡萄成为重要的经济作物,才真正成了寻常百姓家的日常水果。

52 香雾噀人惊半破·橘子

浣溪沙·咏橘　　［宋］苏轼

菊暗荷枯一夜霜，新苞绿叶照林光。竹篱茅舍出青黄。香雾_{xùn}噀人惊半破，清泉流齿怯初尝。吴姬三日手犹香。

176

五 果 品

  从这首词的题目我们就可以知道，这是一首赞美橘子的作品。苏轼爱美食，对于橘子这种色味双绝、令人精神愉悦的水果，他当然不会吝啬赞美之词。

  词的上片赞美橘子不畏严寒、坚贞高洁的品性。橘子在"菊暗荷枯"、万物凋零的时节成熟，在竹篱茅舍的掩映下，青黄相间，尤为亮眼。下片中"香雾噀人惊半破，清泉流齿怯初尝"两句描写的是品尝橘子的情形：剥开橘子的一刹那，橘皮中的汁水伴着香气像雾一样喷溅出来；把橘子放进嘴里，汁水好像清泉在齿颊间流淌。"三日手犹香"说的是剥开橘子多日后，它的香气还留在手上。作者用夸张的修辞手法体现了橘子香气的浓郁持久。

  橘子，也写作"桔子"，在古代有"珠颗""玉实""韵梅"等雅称。橘子的原产地是中国，主要产自长江中下游和长江以南等地区，已有4000多年的种植历史。明朝成化年间，橘、柑、橙等柑橘类果树才从中国经由阿拉伯传入葡萄牙等欧洲国家。

  在我国古代文化中，橘子象征着忠贞高洁、遗世独立等品质，是理想人格的化身。屈原在《九章·橘颂》中赞美了橘子高洁、忠贞不贰的品性，赋予了橘子在中国文化中的象征意义。战国时期的思想家韩非子曾用橘子、柚子比喻君子应该有怎样的品行，"夫树橘柚者，食之则甘，嗅之则香；树枳（zhǐ）棘者，成而刺人。故君子慎所树"。曹植在《植橘赋》中称朱橘为"珍树"，柳宗元、张九龄等诗人也曾在诗中赞美过橘子高洁坚贞的品性。

  后来，橘子一度成为文人们在遭贬黜时的精神寄托。他们常借橘子来抒怀，排遣郁闷的心情或者鼓励仕途不顺的友人。苏轼《赠刘景文》中的"一年好景君须记，最是橙黄橘绿时"，就体现了这种内涵。

刘景文是北宋名将之后，由于仕途不顺，一直穷困潦倒，甚至过着朝不保夕的日子。元祐四年（1089年），苏轼以龙图阁学士的身份出任杭州知府，和刘景文一见如故。见刘景文感叹时光流逝、人生已近暮年，苏轼便写了这首诗勉励他。

在苏轼看来，一年中最好的光景是秋天，因为这个时候"橙黄橘绿"，硕果累累，是丰收的季节。这也隐喻人的壮年虽然不再是青春好时光，但却是有所收获的年纪。

作为秋季的应季水果，橘子在国人的果盘中从未被冷落过，但它的文化内涵渐渐淡化了。如今，在一些地区人们认为橘子具有"大吉大利"的寓意，所以橘子也是逢年过节必备的水果。

53 梅子留酸软齿牙·梅子

闲居初夏午睡起二绝句（其一） ［宋］杨万里

梅子留酸软齿牙，芭蕉分绿与窗纱。

日长睡起无情思，闲看儿童捉柳花。

藏在古诗词里的中华文明
传统美食

酸酸的梅子是夏天生津开胃的好物。从杨万里的这首诗中我们可以看到，早在宋代，梅子就被当作零食来食用了。

你一定吃过话梅干和梅子果脯，也听说过梅子酒。可是你知道吗？最初人们是把梅子当作调味品来食用的。

《尚书》中记载，最初人们烹饪所用的调料只有咸的、酸的，其中酸的就来源于梅子。在还没有发现其他调料的年代，梅子在烹饪中的地位非常重要。在今河南安阳殷墟的铜鼎中，考古学家发现了梅子的果核。这足以证明，早在商朝，人们便已经开始食用和储存梅子了。

周朝出现了梅子酱，当时叫作"醷（yì）"。孔子曾经形容周朝宫廷饮食"不得其酱，不食"，意思是没有梅子酱，就不吃。可见酸酸的梅子酱在宫廷饮食中有多重要。梅子的酸味可以去除肉中的腥膻味，软化肉的纤维组织，所以常常和肉类搭配食用。当时有一种叫作"渍"的吃法：把刚杀的牛羊肉逆着纹路切成薄片，浸入美酒，第二天用梅子酱等调味，然后蘸食。

除了做成酱之外，梅子还可以制成梅干，作为一种开胃小食蘸

五、果品

盐吃，口味和现在的话梅差不多。

春秋战国时期，不仅出现了用梅子当调味品烹饪鱼肉的方法，还出现了用青梅制成的蜜饯小食，比之前直接蘸盐的吃法更讲究了。

汉代，张骞出使西域带回了新的调味料。调味品的种类多了起来，这让梅子和梅子酱在烹饪中的使用逐渐减少。于是梅子收获后，人们开始用梅子酿酒、制作各种可口的小吃。《三国演义》中有"煮酒论英雄""望梅止渴"等故事，说明在那个时代甚至更早以前，种植和食用梅子是非常普遍的事情。

唐代，梅子蜜饯被称为"梅煎"，一度成为进贡朝廷的佳品。由于盛唐的国际影响力，食梅文化传到日本，至今风行不衰。

"话梅"这个名字产生于宋朝。那时候流行话本文学，有专门的说书人把话本故事讲给老百姓听。说书人讲的时间长了就会口干舌燥，他们发现往嘴里放一颗盐渍梅子，立刻就会口舌生津，"话梅"由此诞生。

历史长河绵绵流淌，中国食梅文化也绵延至今，用梅做菜、自酿梅酒、以梅制汤……梅成为中国饮食文化中不可缺少的一部分。

54 出林杏子落金盘·杏

诉衷情　　［宋］周邦彦

出林杏子落金盘。齿软怕尝酸。可惜半残青紫，犹有小唇丹。　　南陌上，落花闲。雨斑斑。不言不语，一段伤春，都在眉间。

五
果 品

和桃树一样，杏树开花早、结果早，待到果实累累的时候，春天也就结束了。这首词上阕写杏子还没有完全成熟，颜色青多红少，令人不敢品尝；下阕写小路上的落花和春雨，表达了他对春天即将离去的伤感。词人借杏抒情，表达了对春天的留恋和不舍。

杏子果香浓郁，口味酸甜，成熟早，是初夏主要的水果，原产于我国，栽培和食用的历史非常悠久。

《山海经》中有"灵山之下，其木多杏"的记载。《庄子》一书中写道："孔子游乎缁（zī）帷之林，休坐乎杏坛之上。弟子读书，孔子弦歌鼓琴。"

汉朝时期，杏树已有园栽。《夏小正》记载，"四月，囿（yòu）有见杏"，就证实了这一点。

起初，由于杏子不易保存，所以人们基本都是自给自足，自己种自己吃，没有办法作为商品售卖。后来，人们发现，杏子经过加工就可以长时间保存。蜜煎青杏就是用杏腌制加工的零食。其做法

是把杏的外皮削掉，扔进铜绿粉末里滚成绿色，再用蜂蜜反复腌渍，直到没有酸味。

由于用来给杏染色的铜绿有毒，所以这种做法逐渐就被淘汰了。后来，人们又开发出杏子蜜饯等

健康的零食。

除了杏肉，杏仁的食用也非常广泛。用杏仁做的杏酪，从北魏到唐代一直都很流行，是寒食节的指定时令美食；北魏农书《齐民要术》里就有煮杏酪粥的方法；南梁《荆楚岁时记》也有记载，"去冬节一百五日，即有疾风甚雨，谓之寒食，禁火三日，造饧大麦粥"，这里的"饧大麦粥"用的就是麦子（青稞麦或大小麦均可）和杏仁熬煮的杏酪粥。

杏肉、杏仁美味可口，杏花娇美可赏，于是杏逐渐被赋予丰富的文化内涵。

东汉建安时期，医药学家董奉少年学医。某次他途经庐山，看到当地人因战争而贫病交加，便在山上行医。他看病不收费用，而是让人们在山中种上杏树作为报酬。经他救治的穷苦人非常多，因此数年之间人们就种植了万余株杏树。杏的果实成熟后所得收成，他也用来救济贫民，每年因此得到董奉救济的达数万人。

后来，"杏林"成为中医的别称，医者常常以"杏林中人"自居，董奉更是被誉为"杏林始祖"，与当时谯（qiáo）郡的华佗、南阳的张仲景并称"建安三神医"。"杏林春秋"指的是中医药的历史，与中医药有关的趣谈故事常常用"杏林佳话"来代指，"杏林春暖""誉满杏林"则用来称颂医生品高术精。

杏子穿越千年，如今依然是人们喜欢的一种水果。杏子熟时，香气弥漫，口感酸甜，令人欲罢不能。

55 五月杨梅已满林·杨梅

杨 梅　　［宋］释祖可

五月杨梅已满林，初疑一颗价千金。

味方河朔葡萄重，色比泸南荔子深。

飞艇似闻新入贡，登盘不见旧供吟。

诗成欲寄山中友，恐起头陀爱渴心。

杨梅颜色艳丽，香气浓郁，口感酸中带甜。自古以来，吟咏杨梅的诗词有很多，释祖可的这首诗描绘了杨梅在成熟季节挂满枝头的景象，并且将它和葡萄、荔枝作比较，读后让人不禁垂涎欲滴。

杨梅是我国特产的一种佳果，古称"机子""朱梅""树梅"等，民间则直呼其为"龙睛""金丹""仙人果"。李时珍的《本草纲目》记载，由于"其形如水杨，而味似梅"，故称"杨梅"。

西汉《南越纪行》记载："罗浮山顶有湖，杨梅、山桃绕其际。"罗浮山在今广东境内，现在依然是我国杨梅的主要产地。西汉时，东方朔曾写道："邑有杨梅，其大如杯碗，青时极酸，熟则如蜜。用以酿酒，号为梅香酎（zhòu），甚珍重之。"可见，西汉时期人们就已经将杨梅当作水果食用，并用来酿酒了。

为了让杨梅吃起来更加甜美，宋代还利用嫁接技术，用桑树来嫁接杨梅，减轻了杨梅的酸味。《物类相感志》记载："桑上接杨梅则不酸。"

杨梅、荔枝、葡萄在当时都属于果中珍品，但这三种水果究竟哪个更好吃，大家的争论一直没有停止过。

苏东坡先有"罗浮山下四时春，卢橘杨梅次第新。日啖荔枝三百颗，不辞长作岭南人"的诗句，后来他尝过吴越的杨梅后，又觉得荔枝、葡萄都比不上杨梅的滋味，写下"闽广荔枝，西凉葡萄，未若吴越杨梅"的文字。

明代绘画大师文徵明的曾孙文震亨十分迷恋杨梅，认为杨梅和荔枝是并列的天下奇果。他在著作《长物志》中，这样写道："杨梅

五 果品

吴中佳果，与荔枝并擅高名，各不相上下。"

"萝卜青菜，各有所爱"，关于荔枝、杨梅、葡萄哪个更美味的争论可能永远都不会停止。

杨梅是一种水果，同时也是一味药材。《本草纲目》记载："杨梅可止渴，和五脏，能涤肠胃，除烦愦（kuì）恶气。"用杨梅做的酒既是上等饮品，也是去暑止泻的良药。

明清两代，杨梅种植技术得到大幅提高，这使得杨梅的品质和口感越来越好。如今，依托现代物流和保鲜技术的进步，杨梅得以走出产地，成为大江南北都能吃得到的一种应季水果。

56 却是枇杷解满盘·枇杷

山园屡种杨梅皆不成，枇杷一株独结实可爱，戏作长句 ［宋］陆游

杨梅空有树团团，却是枇杷解满盘。

难学权门堆火齐，且从公子拾金丸。

枝头不怕风摇落，地上惟忧鸟啄残。

清晓呼僮乘露摘，任教半熟杂甘酸。

五 果 品

陆游多次尝试种杨梅都没有收成，种的那一棵枇杷树却意外地结满果实，惹人喜爱。对这来之不易的枇杷，陆游倍加爱护。为了防止鸟儿们啄食，陆游干脆叫上侍僮，趁着天刚破晓，把还挂着露珠的枇杷，不管熟不熟，都赶紧采摘下来。

枇杷果形圆润，颜色喜人，闻起来香味浓郁，咬一口酸甜多汁，在古时候即被视为"珍异之物"，无怪乎陆游会对这种水果珍爱有加。

早在两千多年以前，我国南方就开始种植枇杷了。最早关于枇杷的记载是在西汉时期，司马相如的名作《上林赋》中提到"卢橘夏熟，黄甘橙楱（còu），枇杷橪（rǎn）柿，樗柰（tíng nài）厚朴"。

唐朝时期，枇杷深得人们的青睐，宫廷贵族尤为喜欢这种水果，因此每年枇杷成熟时，都要作为贡品进贡京都。柳宗元曾有"寒初荣橘柚，夏首荐枇杷"之句。

在枇杷成熟的时节，绿叶丛中累累金丸，十分喜人，因此枇杷果实还有"子嗣昌盛"的寓意。

藏在古诗词里的中华文明
传统美食

枇杷因为寓意美好，所以常常出现在绘画作品中。宋徽宗赵佶（jí）的《枇杷山鸟图》就是代表。

枇杷作为极具观赏性的树木，树形整齐美观，四季常青，象征着高贵、吉祥、繁盛。人们认为，枇杷勤勤恳恳地生长，不争奇斗艳却果实飘香，因此深得文人们的喜爱。

汉代的《西京杂记》中讲道，在汉武帝修建的林苑中，种植着各地进贡的名果异树，其中就有枇杷树十株；唐朝时，大才女薛涛曾在自己门前种满枇杷树；明代著名文人归有光的《项脊轩志》中也写道，"庭有枇杷树"。

从古至今，枇杷都是一种深受人们喜爱的水果，有的人喜爱它可爱的外形，有的人喜爱它艳丽的颜色，也有的人钟爱它独特的口味，还有的人喜欢它所蕴含的美好寓意。

春夏季节，枇杷上市，它清甜的口感总能给口舌干燥的人们带来丝丝的滋润和凉爽。

190

57 牡丹破萼樱桃熟·樱桃

晚春田园杂兴（节选） ［宋］范成大

谷雨如丝复似尘，煮瓶浮蜡正尝新。
牡丹破萼(è)樱桃熟，未许飞花减却春。

谷雨时节，细雨如丝如尘，诗人范成大一边煮着新酿的酒，一边欣赏着将开未开的牡丹花和树上成熟的红艳艳的樱桃。虽已是落花满地的晚春，但是眼前的画面明艳清新、充满活力，使得春色丝毫未减。

据资料与考古实证，在3000多年前的商周时期，我国在长江流域就已栽培樱桃。关于樱桃名字的来源，《说文解字》说："莺桃，莺鸟所含食，故又名'含桃'。"因为黄莺鸟非常喜爱啄食它的果实，所以有了"莺桃"的名称。《本草纲目》说："其颗如璎珠，故谓之'樱'。而许慎作'莺桃'，云莺所含食，故又曰'含桃'，亦通。"樱桃的果实呈桃形，又像戴在脖子上的璎珞。樱桃还有"荆桃""楔桃""英桃""牛桃""樱珠"等别名。

樱桃在先秦时期是供奉宗庙的祭品。收获的新鲜水果，先拿来用于祭祀，这种祭祀活动叫作"荐新"。《礼记·月令》里有"是月（仲夏之月）也，天子乃以雏尝黍，羞以含桃，先荐庙宇"的记载。荐新是顺应时令和自然的国家性祭祀活动，是古代祭礼的重要组成部分。人们以初熟的五谷或时令果物祭献天地祖先，感谢天地祖先的庇护，并希望来年继续得到保佑。荐新的食物名目繁多且时令性极强，为了表示对祖先和神灵的崇敬，用于荐新的食物都要新鲜。樱桃作为初春第一果，当仁不让地成为荐新的祭品。

后来，这种祭祀活动一度中断。直到汉朝惠帝时，献果宗庙的礼仪才又成为汉代朝廷的礼制，樱桃荐新作为礼仪制度被正式载入史册。

五 果 品

"荐新"之后是"尝新",即将樱桃赏赐给近臣官员。在唐代,樱桃的礼制意义表现在荐新、赐樱、樱桃宴三个方面。

宋代《太平广记》里曾记载过唐朝皇帝赏赐樱桃的情景。皇帝在赐樱桃的同时,会配上一块酥酪。食用时,要先将樱桃皮戳破,使汁液流出,以饼蘸食,最后再吃果肉。醇厚的奶香与樱桃酸甜的滋味相得益彰。

获赐朱樱是一种荣耀,唐词有100多首诗词都与垂谢赐樱桃有关,白居易、杜甫、韩愈、李商隐等名家都曾获得过这个殊荣。

樱桃成熟的时候,皇帝会设宴邀请重臣,不仅让大家体验采摘樱桃的乐趣,还会亲自采摘樱桃赏赐给大臣们。这就是著名的"樱桃宴"。

唐僖宗李儇(xuān)把樱桃宴列为"科举五宴"之一。读书人若一朝进士及第,便可同众英才一边品樱桃,一边讨论诗词歌赋、评论古今大事。

唐代上层社会多追求新奇异味。当时胡食之风盛行,唐人也尝试将樱桃配以其他材料制成新奇可口的美食。《酉阳杂俎》中提到的"樱桃鎚(同"锤",chuí)"

就是一种用樱桃做馅的饼类食品；该书中还提到一种叫作"樱桃饆饠（bì luó）"的食物，有观点认为樱桃饆饠是在米饭中拌入樱桃和其他佐料而制成的。

樱桃不仅仅是一种美好的水果，我国古代还产生了一种叫"樱桃制"的文化现象，即在文坛上形成的，帝王倡导、文士崇尚的，用诗、赋等作品描写、吟咏樱桃的风尚。

如今，樱桃已经不再是宫廷专享的果品了，但是人们对它的喜爱从来没有减少过，谁让它那么好看，又那么好吃呢！

58 桃之夭夭，灼灼其华·桃

诗经·周南·桃夭　　［先秦］佚名

桃之夭夭，灼灼其华。

之子于归，宜其室家。

桃之夭夭，有蕡(fén)其实。

之子于归，宜其家室。

桃之夭夭，其叶蓁(zhēn)蓁。

之子于归，宜其家人。

藏在古诗词里的中华文明
传统美食

  这首诗由桃树联想到美丽的女子：桃树花朵艳丽，果实甜美；这个女子有着美丽的外表，还有着贤淑的品行。

  我国先民很早就开始食用桃子了。《山海经》中，夸父追日后，"弃其杖，化为邓林"其中，"邓林"就是桃林。

  先秦时期，桃子是颇受人们欢迎的水果。《诗经·大雅·抑》中有"投我以桃，报之以李"的句子，意思是你给我一个桃子，我就拿李子来回报你，比喻知恩图报，或互相赠答、礼尚往来。

  《晏子春秋》中有一个"二桃杀三士"的故事。春秋时期，齐景公手下的公孙接、田开疆、古冶子三名猛将个个骁勇善战，却都恃功而骄，对国家安稳非常不利。为消除祸患，晏子献策让齐景公赏赐给他们两个桃子，谁认为自己的功劳大，谁就可以拿走桃子。

  公孙接和田开疆先报出自己的功绩，随后理直气壮地各自拿

五
果 品

走了一个桃子。古冶子看到自己没有桃子很气愤，他说自己曾经冒死救过国君，功劳应该是最大的，一气之下便拔剑指向两人。公孙接、田开疆二人为自己的行为感到羞愧，将桃子交了出来，随后自尽而亡。古冶子见两人因为自己争功而自杀，一时间也悔恨不已，拔剑自刎。这个故事从侧面说明桃子在当时的地位之高。

《韩非子·释木》中也记载了一个鲁哀公赐给孔子桃子的故事，当时连同桃子一起送给孔子的还有黍米。孔子把黍吃了之后才知道，黍米竟然是用来去除桃毛的，可见当时桃子的地位很不一般。

因为珍贵，桃树还被赋予很多意义，甚至有吃桃能够长寿的说法。古代神话志怪小说《汉武帝内传》记载，在汉武帝与西王母的天人之会中，西王母用仙桃来招待汉武帝，并提到"此桃三千年生食"；《西游记》中，王母娘娘举办寿宴，也是用蟠桃来招待各路大仙。

在后来的历史发展中，吃桃子可以长寿甚至可以长生不死的传说一直延续。著名的年画《福禄寿三星图》中，寿星手里就托着一只硕大的仙桃。

直到今天，桃子依然代表长寿。家里老人过生日的时候，一般都会做桃子形状的食物，以此祝福老人延年益寿。

59 庭前八月梨枣熟·梨

百忧集行（节选） ［唐］杜甫

忆年十五心尚孩,健如黄犊走复来。
庭前八月梨枣熟,一日上树能千回。
即今倏忽已五十,坐卧只多少行立。
强将笑语供主人,悲见生涯百忧集。

五 果 品

杜甫出身官宦世家，年少时正值唐代开元盛世，因此他拥有一段美好的童年时光。中年以后，遭遇安史之乱，杜甫携家带口四处漂泊，经常连温饱都不能保证。

这首诗写于杜甫五十岁时，他回忆起自己十五岁时的快乐时光，感叹眼前年老体弱、穷困不堪，读来令人不禁唏嘘感叹。诗中写到，他十五岁时，农历八月前后，庭院里的大黄梨、红枣都熟了，小杜甫一天到晚上树摘果子，上上下下能爬个一千回。这当然是一种夸张，不过也足以看出杜甫小时候非常活泼，精力十足。

梨和枣是北方庭院常栽的果树。到了秋天，果实成熟，小孩子自然难以抵挡。尤其是梨，在枝叶间摇摇晃晃，散发出阵阵果香，摘一颗咬上一口，汁水四溢，清甜可口。

人们很早就开始种植和食用梨子了，大约在春秋战国时期就出现了关于梨的记载。

在汉代，梨是一种经济效益很高的水果。班固在《汉书》中记载，"淮北荥（yíng）南河济之间千树梨，其人皆与千户侯等"。意思是，一户人家若拥有上千棵梨树，身家就和一个千户侯差不多了。

《史记》等古籍中有对各地优良品种的梨的介绍，如蜜梨、红梨、白梨、鹅梨等，有的品种直到现在仍然深受人们喜爱。

北魏时期，梨的栽培技术得到了很大幅度的提高，品种也更多了。《齐民要术》中不但有对当时栽种梨树品种的介绍，还详细记录了梨树的栽植、嫁接、采收、贮藏等技术。

陶渊明有诗《责子》云："雍端年十三，不识六与七。通子垂九

藏在古诗词里的中华文明
传统美食

龄，但觅梨与栗。"陶渊明隐居乡间时，自己九岁的儿子整天就知道到处找梨和栗子。这首诗说明，在那个时候，人们在庭院栽种梨树已经非常普遍了。

到了唐代，随着丝绸之路的繁荣发展，梨走出了国门，种植范围扩展到世界其他地方。《大唐西域记》记载，当时的印度人非常喜欢吃梨，因为梨来自中国，就为其取名为"汉王子"。

唐太宗时期，宰相魏徵的母亲因生病需要吃药，大夫开的药煎出来非常苦，魏徵就把甜甜的梨切碎加入药中一起熬制。据说，人们用这个方法熬制成了梨膏糖。

宋代梨树的品种又有增加，种植范围更为广泛，使梨成了"水果之王"。除了受人喜爱的梨子鲜果，用梨子做的小食也有很多，如梨肉、梨条、梨干等。

作为我国北方秋季的标志性水果，梨的种植和栽培在历史上的各个阶段都备受重视。在漫长的历史进程中，梨的品种不断增加，品质也越来越好了。

60 黄栗留鸣桑葚美·桑葚

再至汝阴三绝（其一）　　［宋］欧阳修

黄栗留鸣桑葚美，紫樱桃熟麦风凉。

朱轮昔愧无遗爱，白首重来似故乡。

传统美食

宋英宗治平四年（1067年），欧阳修被罢免了参知政事一职，出任亳州（今安徽亳州）知州。熙宁元年（1068年）四月，他借道汝阴（今安徽阜阳），并在此作短暂的逗留，其间写下了一组诗，共三首，这首是其中之一。

全诗描绘的是初夏时节汝阴一带的秀丽风光。诗的第一句写黄鹂鸟穿梭在桑林深处，被紫红的桑葚诱惑而流连忘返。何止是鸟儿，当我们看到一棵结满桑葚的桑树时，又何尝不是垂涎欲滴、驻足不前呢？

桑葚是夏天大家都喜欢吃的美味水果，且价格不菲，那么它在古代又是什么身价呢？

我国是世界上最早种植桑树、养蚕织丝的国家。桑树是人工较早驯化种植的树木之一。从我国的考古发现中，我们可以确定，在殷商时期的甲骨文中就已经出现了"蚕""桑""丝"等象形文字，其中"桑"字就有六种写法。殷商时期距今3000多年，而象形文字又是对不同形态的直观表达，所以我们有理由推断，早在3000多年前，桑树种植已经非常普遍，甚至出现了多个品种。

桑叶是蚕宝宝的主要食物，蚕吐出的丝可以用来制作成丝绸等，满足人们穿衣取暖，甚至书写的需求。种植桑树的目的就是摘桑叶来喂蚕。为了让蚕长得更肥硕、结出的丝更柔韧，人们在桑树的养护上下了很大的功夫，桑树结的桑葚也因此越来越大、越来越甜美。

周朝生产水平低，粮食产量小，普通百姓要采集各个季节的野

五 果　品

菜、野果来维持生存。那个时候桑葚因为味道甜美，是人们采食的重点对象。《诗经》中就有讲述人们保护桑葚不被小鸟吃掉的诗歌。

汉代，桑蚕业得到了前所未有的发展。桑树被广泛种植，桑葚的产量很大，可是由于桑葚不容易保存、季节性强，所以人们并没有把它作为主要水果，更没有办法当作商品售卖。人们更在乎的是桑叶，桑葚几乎无人问津，只有小孩子才会摘来解馋。只有遇到饥荒年，桑葚才会成为救饥荒的美味。

晋代，北方的凉州，也就是现在的甘肃，由于日照充足、气候干旱少雨，所产的桑葚比南方产的水果还要甜美。由于当时粮食产量低，桑葚就成了那里的一种宝贵食物。

东晋的谢安，有一次和朋友聊起北方的水果，一个凉州来的人说北方的桑葚比南边的橘子还甜美，谢安不相信。为向在座的人证明自己所言不虚，凉州人竟在桑葚成熟时派人采摘了一些，用快马送到谢安处。收到桑葚后，谢安赶紧分给身边人品尝，大家这才一致认为凉州的桑葚确实比南方的柑橘还要好吃。

后来，桑葚更多的是作为田园生活的一种象征而存在，成熟后农家自己食用。

白居易在外为官的时候总是思念故乡和弟弟，尤其思念和弟弟一起摘桑葚吃的情景，写下"兔隐豆苗肥，鸟鸣桑葚熟"(《孟夏思渭村旧居寄舍弟》)；南宋王迈曾经写过"桑椹（同"葚"）熟时鸠唤雨，麦花黄后燕翻风"(《春暮》)；陆游也有诗句"郁郁林间桑椹紫，芒芒水面稻苗青"(《湖塘夜归》)。

桑葚的甜美，就这样一直被体验过它美味的人们所赞美，被未曾品尝过它的人们所向往。直到现代的保鲜技术和物流水平提高后，娇嫩的桑葚才得以在成熟的季节进入市场，人们也常常能够吃到新鲜甜美的桑葚了。